Fabio Immovilli - Giuliano Ascari - Fabio Molinari

Guida Pratica
al
Motore Stirling

libri SANDIT

Sandit s.r.l.
Viale Libertà, 3
24021 Albino (BG)
Tel. 035/752755
Fax 035/755892
casella postale N. 72

E-mail: info@sanditlibri.it
www.sanditlibri.it
www.editecno.it

Ristampa: Dicembre 2025
STAMPA: ***Logo S.p.A.*** *- Borgoricco (PD)*

Avvertenza

Il lettore accetta espressamente di impiegare le informazioni fornite in questo libro a suo rischio e pericolo: gli autori e l'editore non accettano responsabilità alcuna per eventuali perdite o danni derivanti dall'impiego di queste informazioni.
Come in ogni disciplina ingegneristica, sono impiegati materiali, tecniche e procedure potenzialmente pericolose. Prima di intraprendere qualsiasi attività riguardante la costruzione di macchinari, è responsabilità del lettore leggere, capire e implementare ogni precauzione e sicurezza che può essere applicata all'attività intrapresa.
I motori Stirling, anche in miniatura, non debbono in alcun modo essere considerati dei giocattoli e vanno trattati con lo stesso rispetto dovuto ai motori a combustione interna o a qualsiasi altra macchina: nel funzionamento presentano superfici calde e recipienti in pressione, volani e cinematismi a vista, occorre pertanto prestare sempre la massima attenzione.
I contenuti di questo libro sono frutto di vari anni di esperienza degli autori e sono stati compiuti tutti gli sforzi possibili per assicurarsi che le informazioni contenute nel libro siano corrette, ma il lettore, come buona pratica ingegneristica, dovrebbe sempre controllare in maniera indipendente ogni informazione che intende impiegare.

Indice

Introduzione

In questo testo vengono presentate le cosiddette "macchine ad aria calda", motori a combustione esterna impieganti un gas come fluido di lavoro: pur datando la loro origine agli inizi del 1800, sono stati recentemente riscoperti e sono oggetto di notevole ricerca. Ciò grazie alla loro vocazione policombustibile e anche in virtù del notevole progresso nei materiali moderni, che ha permesso di porre rimedio ad alcune loro pesanti limitazioni passate. Il costo sempre più alto dei combustibili fossili e le stringenti normative sull'inquinamento rendono sempre più importante un uso razionale delle fonti energetiche.
Per potenze da frazioni di kW a centinaia di MW i motori primi attualmente disponibili sono contraddistinti dall'uso di cicli aperti e combustione interna, che richiedono combustibili raffinati e presentano, sopratutto nelle piccole taglie, un rendimento non eccezionale.
Sull'altro versante i cicli chiusi tradizionalmente impiegati (Rankine in testa) pur accettando in ingresso una molteplicità di combustibili, restano relegati alle potenze più elevate, data la complicazione impiantistica necessaria ad ottenere alti rendimenti.
Tutte le soluzioni esposte sono caratterizzate dalla presenza di una molteplicità di componenti meccanici e di tenute striscianti tra organi in moto relativo. Proprio la necessità e il costo delle frequenti manutenzioni e del combustibile raffinato sono i più grandi freni allo sviluppo e alla diffusione della cogenerazione su piccola scala con motori adatti ad un uso continuato. Sia i motori a ciclo Stirling che i convertitori termoacustici sono macchine operanti in ciclo chiuso, in grado di funzionare con una qualunque fonte di calore esterna. Essi sono caratterizzati da un ridottissimo numero di componenti in moto e quindi da una grande affidabilità e durata di vita.
Allo stato attuale sia i motori Stirling che i convertitori termoacustici, oltre che ad un impiego didattico e modellistico, si prestano ottimamente alla realizzazione di gruppi fissi cogenerativi (alimentati con combustibili fossili o biomassa) con potenza di alcuni kW in cui il calore sia l'energia primaria mentre l'elettricità rappresenti il sottoprodotto. Questa possibilità è testimoniata anche dalla comparsa di alcuni modelli commerciali che si stanno affacciano sul mercato.
Altra possibilità interessante è quella di recuperare energia dal calore di scarto dei processi industriali (fumi di scarico ecc...) o realizzare la climatizzazione mediante gruppi pompa di calore.
L'impiego di un motore Stirling risulta molto attraente anche per applicazioni solari (con o senza concentrazione).

Cenni storici

Le Origini

I motori ad aria calda furono tra i primi motori termici ad essere inventati, appena dopo la macchina a vapore. Il primo motore ad aria calda venne realizzato dai fratelli scozzesi Robert e James Stirling nel 1816. Contrariamente a quanto si è portati a credere, il brevetto depositato era relativo al cosiddetto “economizzatore di calore”, cioè il rigeneratore, che rappresenta il vero cuore della macchina.
I motori ad aria calda conobbero un successo commerciale molto importante fino all'inizio del XX secolo: costituivano allora, con la macchina a vapore, il solo mezzo per convertire l'energia termica in energia meccanica utile.
Nel periodo di coesistenza, le macchine a vapore erano riservate alle grandi potenze ma presentavano rischi di scoppio delle caldaie, mentre i motori Stirling occupavano la nicchia delle basse potenze (da frazioni di Watt ad alcune decine di kW): non presentavano rischio di esplosione, ma erano macchine lente e ingombranti poiché lavoravano a pressione atmosferica.
Il primo motore costruito dai fratelli Stirling era monocilindrico a semplice effetto e presentava un lungo pistone dislocatore: il rigeneratore non era fisicamente un componente separato, ma era costituito dalla lunga intercapedine che si veniva a creare tra il dislocatore e la parete del cilindro, che l’aria era costretta ad attraversare ad ogni ciclo.

Un secondo motore venne commissionato dalla fonderia Dundee: la macchina era molto raffinata per l'epoca, in quanto impiegava un cilindro motore a doppio effetto e un sistema di pressurizzazione per aumentare la potenza specifica, inoltre il setto rigeneratore era un vero e proprio componente a se stante. Il grande motore fu però presto abbandonato per le frequenti rotture delle teste calde che costituivano gli scambiatori a diretto contatto con le fiamme del focolare: costruite con i materiali di allora non garantivano una sufficiente resistenza al calore.

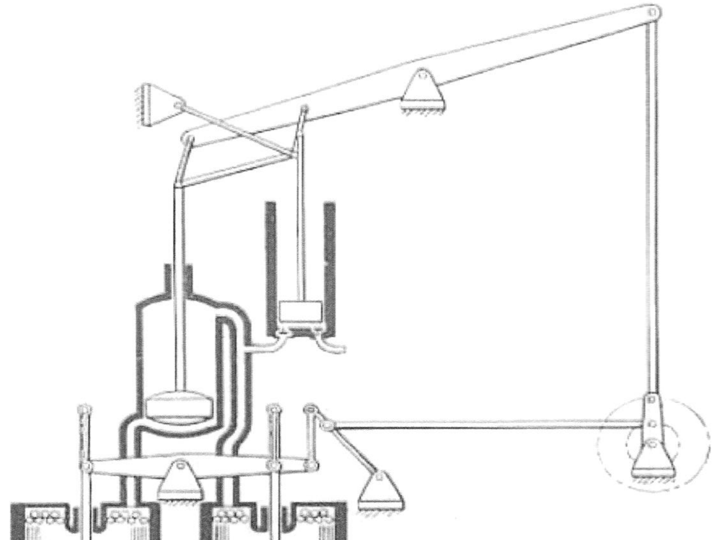

Successivamente altri costruttori nel Nuovo e nel Vecchio Continente produssero motori di piccola e media taglia fino agli anni 20 del 1900: Lehman, Heinrici, Ericsson, Robinson, Rider, solo per citarne alcuni.
Uno dei progetti di maggior successo fu il motore Rider-Ericsson, impiegato a lungo per pompare l'acqua in zone rurali.

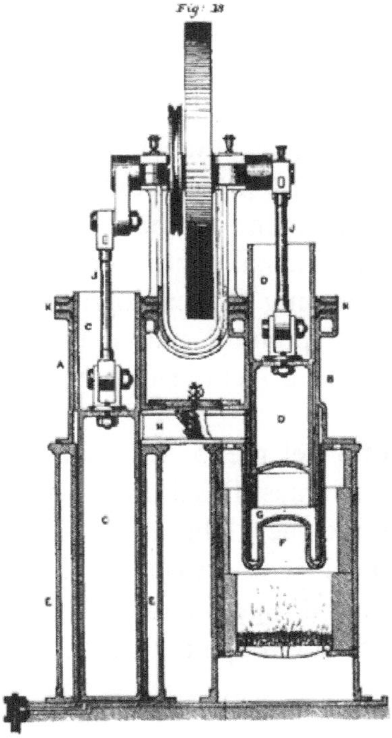

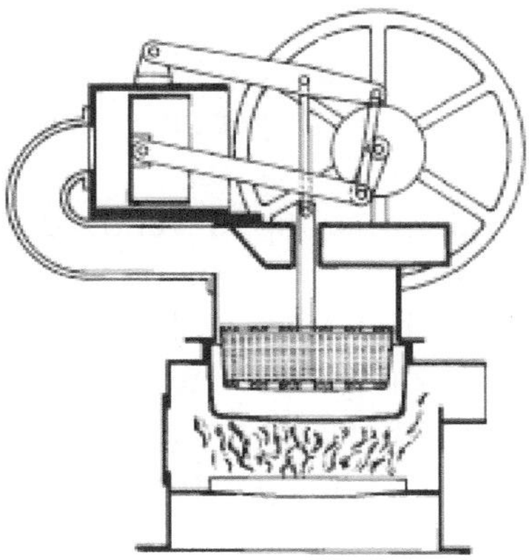

Alla svolta del secolo tuttavia, i motori Stirling furono sostituiti dai motori a combustione interna e dai motori elettrici, che non presentavano le stesse difficoltà tecnologiche: guarnizioni di tenuta, lubrificazione a secco, materiali resistenti alle alte temperature e miglior rapporto peso potenza. Molti di questi problemi oggi sono stati in gran parte risolte dal progresso della tecnologia e dai moderni materiali, nonché dall'impiego come fluido di lavoro di gas diversi dall'aria ad elevate pressioni medie di ciclo: ad esempio elio o idrogeno con pressioni fino a 200 bar.

Il ritorno in scena

I motori ad aria calda sono caduti completamente nel dimenticatoio nel corso della prima metà del XX secolo. La riscoperta dei motori Stirling è dovuta soprattutto ai ricercatori del Philips Research Laboratory a Eindhoven. A partire dalla seconda metà del XX secolo, grazie al loro lavoro si è assistito alla realizzazione di motori Stirling di moderna concezione, con prestazioni di tutto rispetto.

Negli anni 30 del 1900 la Philips incaricò il gruppo di ricerca di Eindhoven di studiare un nuovo generatore portatile per alimentare le radio, che all'epoca erano a valvole e richiedevano batterie ingombranti, con differenti voltaggi anche piuttosto elevati per l'alimentazione anodica.

Il motore Stirling venne subito scelto principalmente per la sua bassa rumorosità: rispetto ai tempi dei fratelli Stirling la tecnologia dei materiali aveva fatto passi da gigante ed erano disponibili nuovi acciai e leghe resistenti alle alte temperature, vero tallone d'Achille del motore Stirling "originale".

Gran parte dello sviluppo venne condotto nel pieno della seconda guerra mondiale, durante l'occupazione nazista dei Paesi Bassi: fortunatamente agli occupanti sembrò che il lavoro condotto nei laboratori di Eindhoven riguardasse il progetto di uno strano tipo di compressore e il tutto venne reputato non interessante per il Terzo Reich. Progetti e modelli non vennero catturati e i ricercatori poterono lavorare senza troppe ingerenze esterne.

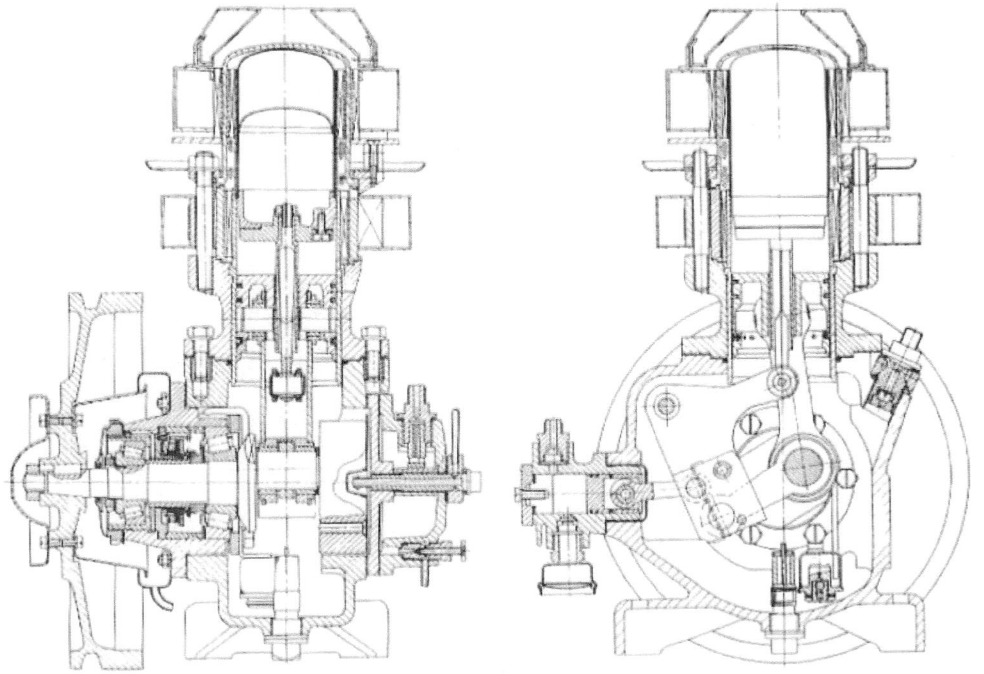

I risultati non si fecero attendere, tanto che al primo modello di piccolo generatore (102C divenuto poi il “bungalow set”) fecero seguito numerosi motori di taglia sempre crescente: per trazione stradale di auto e bus (modello 4-215 sulla Ford Torino Stirling Special del 1973 e il modello 4-23S su autobus DAF); fino alle applicazioni marine e sommergibilistiche.

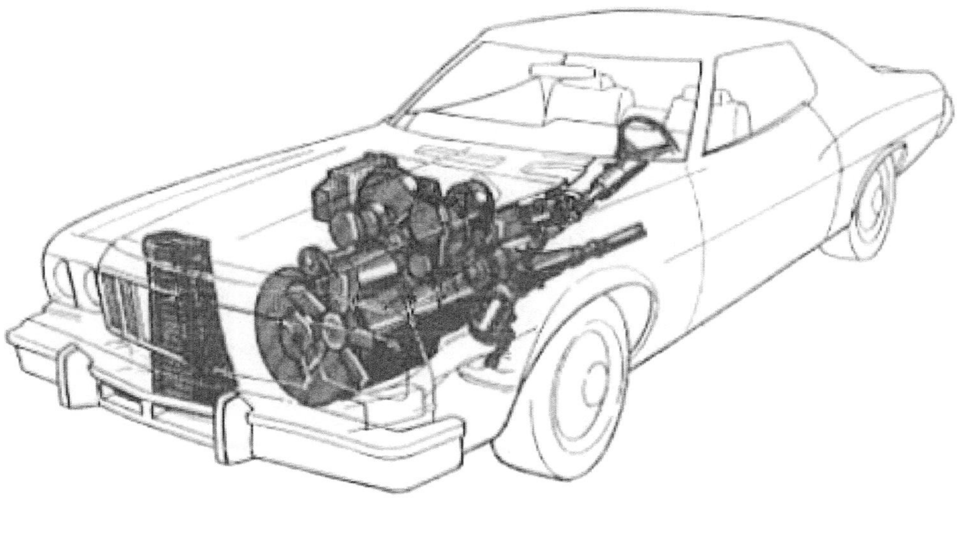

Dopo la guerra, con il trasferimento tecnologico verso l'America, altre aziende come General Motors iniziarono progetti di ricerca sul motore Stirling: il generatore campale GPU-3 è un esempio di progetto riuscito.

Parallelamente all'impiego come motore primo, si sviluppò anche il fronte delle macchine frigorifere, con risultati lusinghieri nel campo criogenico per la produzione di aria liquida.

Il lavoro svolto a Eindhoven ha permesso di ricavare risultati notevoli sia in campo tecnologico/applicativo, con l'invenzione della guida rombica, della swash plate e lo sviluppo di scambiatori corrugati e tubolari di alta efficienza. Il lavoro sperimentale condotto diede un contributo decisivo anche in campo scientifico "puro": sia per la miglior comprensione della teoria di funzionamento, che per la costruzione di modelli matematici sempre più raffinati, molto utili per la modellazione predittiva.

Motori Stirling Moderni: Stato dell’Arte

Il sommergibile civile francese SAGA (sommergibile d'assistenza a grande autonomia) è il più grande sommergibile commerciale al mondo. Sviluppato congiuntamente dalla COMEX (Marsiglia) e la IFREMER, è stato lanciato nell'ottobre 1987 e da allora ha subito con successo un programma di qualificazione in mare riguardante in particolare gli aspetti di affidabilità e sicurezza. In immersione questo sommergibile è azionato da due motori Stirling V4-R275 della società United Stirling A.B. (USAB, Malmö, Svezia, ora filiale di Kockums). Questi motori cinematici a doppio effetto sviluppano ciascuno una potenza di 75 kW con un rendimento del 31%. L’apporto di calore è garantito dalla combustione sotto pressione del gasolio dei motori principali, con ossigeno puro conservato in serbatoi criogenici.

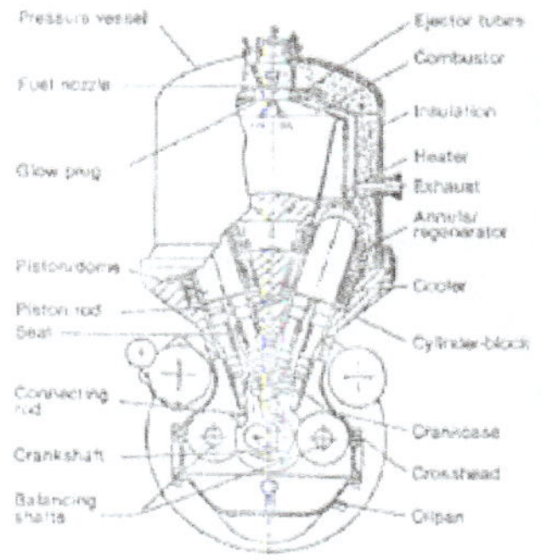

L’azienda STM realizza il motore Stirling più performante (nonché il più costoso) attualmente in produzione: presenta un rendimento del 42% ed è installato a bordo dei sommergibili militari svedesi di classe Gotland.
Il sistema di propulsione Stirling indipendente dall’aria ha permesso di estendere il tempo operativo in immersione di un sottomarino diesel da giorni a intere settimane, poiché il sottomarino non deve più emergere frequentemente per caricare le batterie.

In figura è rappresentato un sistema di conversione dell'energia solare in energia elettrica per via termodinamica, che utilizza la tecnologia detta "Solar Dish Stirling". Si tratta di una realizzazione di McDonnell Douglas / Southern California Edison, che produce una potenza elettrica di 25 kW. Quest'impianto, realizzato negli anni 1984-1988, associa un concentratore di un diametro equivalente di 10,57 m ad una cavità ricevente di 0,2 m di diametro dove è installato lo scambiatore caldo del motore Stirling. Il motore utilizzato è il 4-95 MkII costruito da United Stirling AB (USAB). Questo motore ha un rendimento del 38-42% per una temperatura massima dell'idrogeno (utilizzato come fluido di lavoro) di 720 °C.

Questo impianto ha raggiunto un rendimento globale di conversione dell'energia solare in energia elettrica del 29-30%: è da notare come questa cifra sia circa il doppio del rendimento degli attuali pannelli fotovoltaici piani.

Il motore commercializzato dalla società tedesca SOLO è un motore cinematico di configurazione alfa (due cilindri, a semplice effetto disposti a V di 90°) proveniente dal collaudato SPS V-160 la cui concezione risale addirittura ai lavori della Philips precedenti la seconda Guerra Mondiale.

Il motore ha una potenza all'albero che può variare da 3 a 10kW a 1500 rpm secondo la pressurizzazione interna, con un rendimento del 30 %. Consente di produrre 9 kW di elettricità e acqua calda sanitaria a 50-60°C. Il tempo medio tra le operazioni di manutenzione varia dalle 5.000 alle 10.000 ore di funzionamento. SOLO propone due versioni del suo motore, la prima per cogenerazione e la seconda per conversione d'energia solare. Questi sistemi sono attualmente disponibili sul mercato.

La società neozelandese Whisper Tech Ltd commercializza piccoli moduli di cogenerazione che producono 5 kW di calore utile e 750 W d'elettricità a partire dalla combustione di combustibili liquidi o gassosi. Questi moduli pesano 90 kg e sono forniti di un motore Stirling cinematico a 4 cilindri a doppio effetto con cinematismo proprietario, nato dalle ricerche dell'University of Canterbury (Nuova Zelanda) mirate a realizzare un generatore per la ricarica delle batterie per i veicoli ibridi.

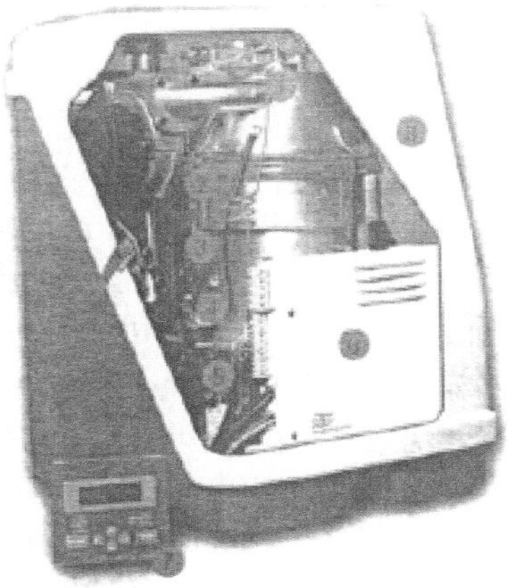

Stirling Danmark è uno spin-off della Technische Universität Kopenhagen che si occupa di progetto e realizzazione di un cogeneratore per comunità (alberghi, condomini ecc…) basato su di un motore Stirling cinematico accoppiato ad una caldaia a biomassa (legno cippato) in due taglie: 4 / 8 cilindri doppio effetto, con una potenza di 35 / 75 kW elettrici rispettivamente.

Il rendimento globale in cogenerazione dell'impianto raggiunge il 90%, con un rendimento elettrico del 20%

I motori a piccola differenza di temperatura (Low Delta T motor o anche, seguendo la loro configurazione geometrica, Flat-Plate Motors) sono stati inventati nel 1984 dal prof. Ivo Kolin, dell'università di Zagabria.

A prima vista i motori a piccola differenza di temperatura possono sembrare utili solo alla realizzazione di modellini dimostrativi, ma per installazioni fisse (dove il rapporto peso potenza non è troppo stringente) si possono realizzare macchine che permettono di sfruttare l'energia solare non concentrata o il calore di scarto di processi industriali.
Si deve anche notare che, effettuando le trasformazioni a velocità più bassa dei motori ad alta temperatura, il rendimento organico migliora notevolmente, permettendo di ottenere una frazione molto maggiore del rendimento teorico del ciclo.
Un motore ad alta temperatura, infatti, presenta un rendimento teorico del ciclo molto elevato, ma ha scarso rendimento organico, in quanto opera tipicamente a velocità elevata. Per contro un motore a media temperatura ha un rendimento del ciclo più basso, ma un rendimento organico molto più grande: sfrutta quindi in maniera più completa il rendimento teorico raggiungibile.

In figura è riportata una macchina a piccola differenza di temperatura, realizzata dal prof. J.R. Senft dell'Università del Wisconsin. Questo motore Stirling può utilizzare il calore dal palmo della mano come fonte calda.
Tale macchina può funzionare con una differenza di temperatura di soli 0,5°C tra i serbatoi caldi e freddi!

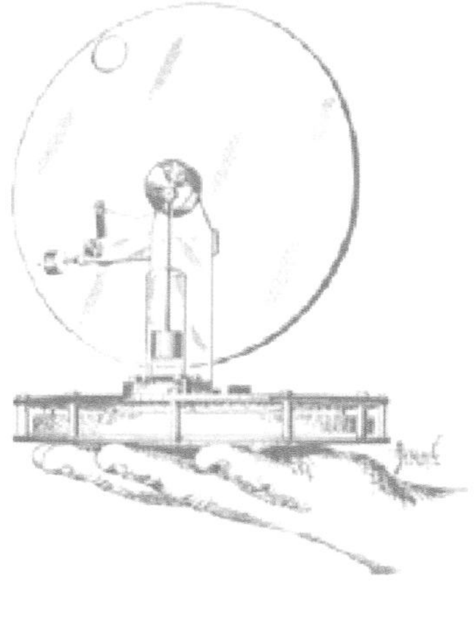

Miti e Complotti

Molto spesso cercando informazioni sul motore Stirling, in particolar modo su INTERNET emergono inevitabilmente molte inesattezze a volte anche grossolane. In particolare i miti da sfatare appartengono a due filoni che si alimentano a vicenda:
Il primo dipinge il motore Stirling come una macchina prodigiosa, in grado di capovolgere le sorti dell'intero pianeta
Il secondo postula l'esistenza di fantomatiche ipotesi di complotto da parte di potenti lobbies riguardo la sua mancata industrializzazione e commercializzazione

Molto spesso infatti il motore Stirling viene presentato come la panacea a tutti i problemi energetici, decantando l'elevato rendimento teorico di cui sarebbe capace, ma trascurando del tutto la grande complessità e le difficoltà realizzative che lo contraddistinguono (in particolare proprio se vengono richiesti rendimenti elevati): tutte componenti che contribuiscono a far lievitare enormemente i costi di produzione.

Riguardo l'industrializzazione, è vero che l'invenzione dei fratelli Stirling del 1816 non fu seguita negli anni immediatamente successivi da un boom commerciale, ma non va dimenticato che verso la fine del secolo e fino ai primi decenni del 1900 vi fu una fioritura di marche e modelli di motore Stirling per ogni applicazione: Ericsson, Rider, Lehmann, Heinrici con macchine per il pompaggio di acqua, la movimentazione di ventilatori e piccoli utensili, solo per citarne alcune.
È bene ricordare che praticamente tutte le tecnologie attuali che hanno avuto successo, sono passate attraverso una serie di fasi di sviluppo e si sono dovute e devono tuttora confrontarsi con altre tecnologie concorrenti, siano esse esistenti o emergenti.
La prima parte di vita di una tecnologia è solitamente caratterizzata dalle scoperte fortuite e dai colpi di genio "intuitivi", come è il caso dei fratelli Stirling, con particolare riguardo per l'introduzione del rigeneratore, felice intuizione addirittura in largo anticipo sui tempi.
In questo modo, con i primi sviluppi della tecnologia si colgono i frutti più facili da raggiungere e il tutto può diventare economicamente promettente: esattamente ciò che accadde alla svolta del secolo.
Col tempo e la maturazione della tecnologia, la scoperta e l'introduzione di nuovi miglioramenti può avvenire solo applicando il metodo scientifico e

con una rigorosa comprensione del principio di funzionamento: perché ciò sia possibile ci deve essere un mercato in grado di sostenere il peso via via sempre più grande del lavoro di ricerca. Il rapporto tra miglioramento ottenuto e spese di ricerca infatti cala sempre più al maturare della tecnologia

A peggiorare le cose si presenta inevitabile il confronto di mercato con altre tecnologie competitive: il motore Stirling, che non aveva vinto il confronto con la macchina a vapore sul campo delle grandi potenze, si era ritagliato una nicchia in applicazioni domestiche, agricole e industriali leggere.

Fu scalzato dall'avvento del motore a combustione interna e del motore elettrico, entrambi molto più flessibili e compatti.

L'iniziale sviluppo industriale del motore Stirling a cavallo di 800 e 900 fu stroncato dalla mancanza di materiali adeguati e dalla comparsa del motore a combustione interna, che impiegando gli stessi materiali permetteva di ottenere potenze elevate con ingombri molto più ridotti, nemmeno paragonabili a quelli dello Stirling.

Ai giorni nostri il motore Stirling, superato il problema tecnologico dei materiali resistenti alle alte temperature, deve comunque scontrarsi con motori a combustione interna e cicli a vapore che nel frattempo hanno continuato a evolversi ininterrottamente.

La mancanza di fondamento delle ipotesi di complotto è ancora più evidente se si considera la macchina frigorifera di Stirling, che ha avuto enorme successo commerciale in ambito criogenico ed è tuttora impiegata, a riprova che il mercato premia sempre le soluzioni ben funzionanti.

L'interesse a livello accademico per la macchina di Stirling non è mai venuto meno e testimonianza di ciò sono le tante pubblicazioni e i numerosi gruppi di ricerca attivi presenti in tutto il mondo.

Un grande lavoro è stato svolto in epoca recente dal prof A.J. Organ, che ha isolato e ricavato tutta una serie di grandezze ridotte a cui applicare la teoria della similitudine di scala: tuttavia per i motori Stirling non è disponibile la messe di dati e di evidenze sperimentali disponibile invece per i motori IC.

La similitudine di scala infatti permette, data una macchina ben funzionante (per esempio un modello a grandezza ridotta) di isolare i parametri e le dimensioni caratteristiche per poi scalare il progetto e ricavare una macchina equivalente ma più grande, con una potenza utile in uscita molto maggiore.

Alcune delle applicazioni presentate provano che i freni al più grande sviluppo dei motori Stirling non sono più tecnologici, come alla fine del

XIX secolo: sono infatti state sviluppate macchine funzionanti che danno piena soddisfazione.
Tuttavia attualmente sono ancora scarsi gli strumenti di dimensionamento e manca del tutto una economia di scala che supporti e giustifichi la ricerca industriale. Infatti, se il principio generale di funzionamento di questi motori è molto semplice, la simulazione dei campi istantanei di temperatura e di pressione manca ancora spesso di precisione: la conoscenza di questi dati è indispensabile al progetto e alla previsione precisa delle prestazioni attese dal motore.

Molti dei prodotti attualmente in commercio si sono evoluti da progetti nati in ambito universitario: la Whispertech ad esempio realizza e commercializza un progetto realizzato dall'University of Canterbury in Nuova Zelanda; lo stesso dicasi per il cogeneratore a biomassa commercializzato dalla Stirling Danmark, spin-off della Danmarks Tekniske Universitet.

Prospettive Future

Questo capitolo vuole fornire una analisi il più possibile imparziale e pragmatica del motore Stirling che, è bene ricordarlo, è una macchina termica come tante altre, che rispetta le leggi della termodinamica, con tutti i suoi pregi ma anche con il suo fardello di difetti.

I motori ad aria calda possiedono, rispetto ad altri tipi di motori termici, un certo numero di vantaggi fra i quali spiccano:

- Il motore Stirling accetta ogni tipo di fonte di calore, in caso di combustione, questa è esterna e continua.
- I motori Stirling attuali hanno prestazioni energetiche comparabili a quelle dei motori diesel di stessa potenza.
- Sono motori "monotempo" in quanto presentano una fase di lavoro utile ad ogni giro dell'albero, anche nella versione monocilindrica.
- Non ci sono né esplosioni, né combustione interna: il funzionamento è dunque estremamente silenzioso: la coppia prodotta è molto regolare e le parti meccaniche sono meno sollecitate, quindi il motore ha una grande durata di vita. Il lubrificante non è contaminato da residui di combustione, non è dunque necessario procedere a sostituzioni periodiche come nei motori IC.
- Per le stesse ragioni i fabbisogni di manutenzione sono inferiori.
- La combustione esterna è continua ed è più facilmente controllabile per quanto riguarda la produzione di inquinanti.
- La coppia a carico parziale / a velocità ridotta è molto favorevole, simile a quella delle macchine a vapore e semplifica l'accoppiamento al carico.
- Completa reversibilità del ciclo, cui corrisponde un rendimento teorico molto elevato e la possibilità di utilizzare la macchina come pompa di calore. Il campo in cui il ciclo di Stirling ha ottenuto il maggior successo commerciale è proprio quello delle macchine frigorifere criogeniche: al di sotto dei 100 K (-173°C) è la macchina con il miglior rendimento (impiego per la produzione di gas liquefatti: metano, azoto, ossigeno, aria liquida).

Per contro il motore Stirling presenta anche dei difetti:

- Lentezza di avviamento e di variazione di regime: è il principale e più pesante difetto del motore Stirling.
- Bassa potenza specifica per soluzioni semplici a bassa tecnologia (senza pressurizzazione).
- Difficoltà di progettare scambiatori efficienti con piccolo ingombro.
- Richiesta di materiali speciali per gli scambiatori ad alta temperatura (creep).
- Affidabilità e usura delle tenute per elevate pressurizzazioni, dissipazione di potenza utile negli attriti.
- Prezzi di produzione ancora elevati per la mancanza di produzione in serie. Il costo di fabbricazione in serie è potenzialmente dello stesso ordine di grandezza di un motore a combustione interna di potenza comparabile (sono stati realizzati prototipi di pre-serie basati in gran parte su componentistica automotive standard).
- Presenza di parti in movimento nelle regioni calde degli scambiatori.
- Complessità meccanica e raffinatezza di costruzione necessaria ad ottenere buoni rendimenti.

Data l'estrema variabilità delle sorgenti calde utilizzabili, le macchine che rispondono alla denominazione di motore ad aria calda sono di natura estremamente diversa. Per lo stesso motivo, il loro campo d'applicazioni è molto vasto: si estende dal prototipo di cuore artificiale alimentato a radioisotopi fino ai grandi motori da sommergibile, passando per gli impianti di recupero su scarichi industriali a bassa/media temperatura o ai sistemi di conversione dell'energia solare termica in elettrica.

Storicamente si è sempre cercato di adottare il motore Stirling come propulsore alternativo per l'autotrazione, forzandolo nell'unico campo in cui i suoi difetti pregiudicano tutti gli altri pregi, rendendolo quindi del tutto insoddisfacente.
Le nicchie nelle quali i motori Stirling potrebbero conoscere un successo importante sono quelle per le quali i suoi pregi gli danno un vantaggio determinante sui suoi attuali o potenziali concorrenti.

Fra le applicazioni più credibili si annoverano:

- La propulsione delle navi e dei sommergibili: molti sommergibili attualmente in servizio, sia civili che militari, sono azionati in immersione da motori Stirling;
- La produzione d'elettricità in zona rurale. C'è attualmente una lacuna importante per la conversione energetica di combustibili poco nobili in un gap di potenza da 0,5 kWe a 1MWe a partire da combustibile industriale, rifiuti commerciali ed agricoli come pure da biomassa (legno o combustibile d'origine vegetale);
- La produzione d'elettricità per veicoli ibridi: in questa applicazione il motore Stirling funzionerebbe a punto fisso, escludendo il suo principale difetto e ponendosi come un'alternativa interessante al motore a combustione interna;
- La produzione d'elettricità a partire da energia solare per applicazioni fisse, con rendimenti doppi rispetto alle tradizionali celle fotovoltaiche; questa applicazione è stata particolarmente sviluppata negli Stati Uniti ed ha beneficiato di un appoggio importante della NASA. Tali impianti possono essere forniti di bruciatori di combustibile fossile integrativo o sistemi ad accumulo di calore che permettono di garantire la produzione d'elettricità indipendentemente dalle condizioni meteorologiche e anche durante la notte;
- La produzione d'elettricità a partire da radioisotopi per applicazioni spaziali o in stazioni remote, molto studiata dagli Stati Uniti e dal Giappone;
- La cogenerazione nel settore terziario e residenziale: le qualità intrinseche di pulizia della combustione, l'affidabilità, la ridotta manutenzione, ma soprattutto la silenziosità permettono l'uso del motore Stirling come elemento di cogenerazione a livello di abitazione individuale e condominiale.

Proprio quest'ultimo punto è il più interessante, ed è oggetto di esplorazione da parte di alcune aziende come Whispertech, Rinnai e Solo, che propongono piccole unità di cogenerazione per il riscaldamento domestico e di uffici. In sostanza il motore Stirling non prenderà in maniera significativa il posto del motore a combustione interna nell'accezione in cui siamo abituati a concepirlo (per esempio nell'autotrazione) ma ciò non vuol dire che non possa ritagliarsi la sua nicchia di applicazioni specifiche.

Principio di funzionamento

Nella grande famiglia dei motori termici si può isolare un sottoinsieme particolare: quello dei motori alternativi a contributo di calore esterno, muniti di rigeneratore (o recuperatore di calore) e funzionanti con fluido di lavoro monofase gassoso. Queste macchine sono anche chiamate motori ad aria calda (hot-air engines - in inglese) anche se, per la maggioranza dei motori moderni, l'idrogeno e l'elio hanno sostituito l'aria inizialmente utilizzata nei motori del XIX secolo.
Questi motori non hanno camme, valvole o condotti di aspirazione e scarico.
Al contrario dei motori a combustione interna, i motori ad aria calda operano in ciclo chiuso e hanno un funzionamento molto regolare, poco rumoroso e richiedente poca manutenzione.

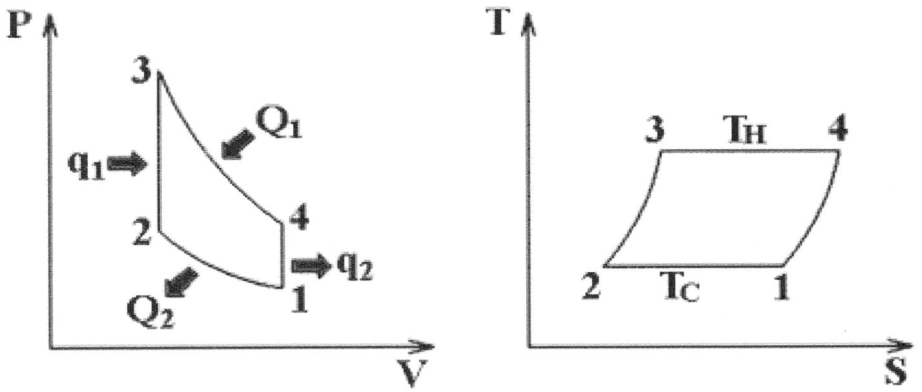

Il loro ciclo di funzionamento, completamente reversibile, è composto da una compressione isoterma (a temperatura costante), un riscaldamento isocoro (a volume costante), una espansione isoterma e un raffreddamento isocoro: questo in teoria, nella pratica ci si accontenta di un ciclo approssimante quello descritto.

Il ciclo di Stirling si ottiene facendo passare ciclicamente il fluido di lavoro tra 2 scambiatori (caldo e freddo), per mezzo di due pistoni opportunamente sfasati tra loro (90-120°). Nel circuito è inserito un rigeneratore (economizzatore) come volano termico, allo scopo di limitare l'entità dello scambio ciclico di calore e migliorare il rendimento.
Per meglio comprendere il funzionamento del motore è utile visualizzare e descrivere separatamente le fasi del ciclo:

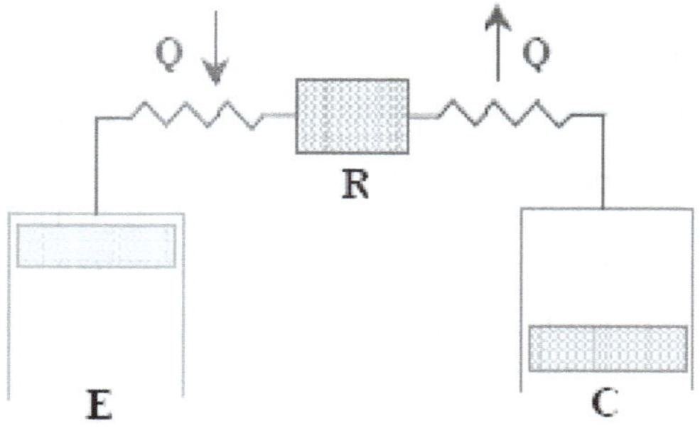	Il pistone di espansione **E** è al punto morto superiore, quasi tutto il gas si trova nel lato freddo (punto 1 nel grafico)
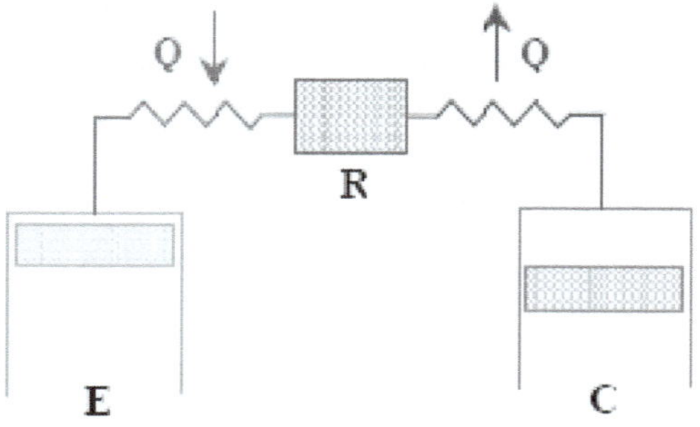	Il pistone di compressione **C** inizia la corsa di risalita e il gas viene compresso a temperatura costante (punto 2 nel grafico)
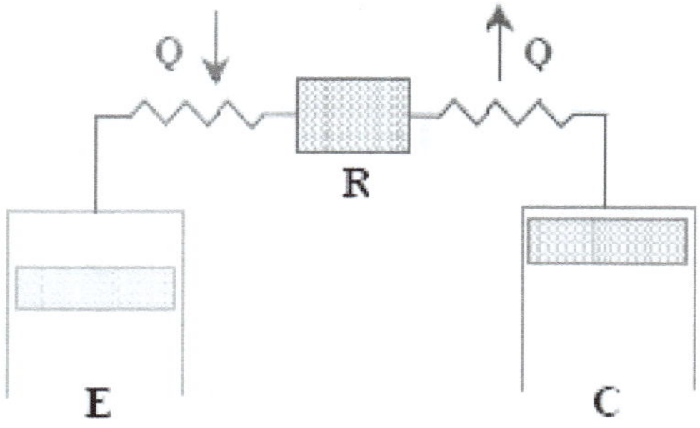	Il pistone di espansione **E** inizia la corsa discendente e il pistone di compressione **C** giunge al punto morto superiore: il gas viene spostato nella parte calda e la sua pressione si innalza (punto 3 nel grafico)
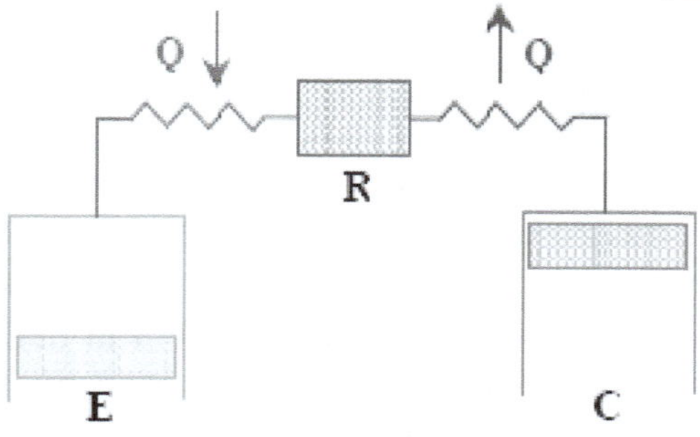	Il pistone di espansione **E** continua la corsa fino al punto morto inferiore, raccogliendo lavoro utile (punto 4 nel grafico)

Il gas viene poi trasferito nel lato freddo e il ciclo si ripete (punto 1)

Il rigeneratore R interposto tra lo scambiatore freddo e quello caldo è costituito da un materiale che conduce bene il calore e presenta un elevato rapporto superficie/volume, in modo da massimizzare lo scambio termico: può essere costituito, per esempio, da fili o garze metalliche di piccola sezione impaccate tra loro.
Il gas, nello spostamento dallo scambiatore caldo a quello freddo, è costretto ad attraversare il rigeneratore e a cedere calore; il calore ceduto, viene poi recuperato allorché il gas compresso viene riportato dallo scambiatore freddo verso lo scambiatore caldo.
Il ruolo del rigeneratore è quello di un volano termico, con il compito di preriscaldare (o "preraffreddare") il gas prima che attraversi gli scambiatori, in questo modo il calore assorbito e rigettato dalla macchina è minore: ciò è fondamentale, sia per la riduzione del consumo specifico e quindi l'aumento dell'efficienza, sia per contenere le dimensioni degli scambiatori di calore.

Cenni su rendimento e potenza specifica

Riassumendo i principi della termodinamica: per ottenere lavoro utile dal calore occorre sempre una macchina capace di operare tra due serbatoi di calore a temperatura differente; se la temperatura delle due sorgenti si equilibra, il motore cessa di funzionare.
A questa osservazione, che oggi può apparire banale, giunse già allora James Stirling, il fratello ingegnere di Robert Stirling, in largo anticipo sui risultati del lavoro svolto molti anni dopo da Sadi Carnot, che nel 1824 pose le basi per una trattazione rigorosa della termodinamica.
Il rendimento complessivo della macchina termica corrisponde a:

$$\eta = \frac{L}{Q_2} = \frac{Q_2 - Q_1}{Q_2} = 1 - \frac{Q_1}{Q_2}$$

Dove: L è il lavoro prodotto, Q_2 è quantità di calore assorbito dalla fonte calda e Q_1 è la quantità di calore rigettata alla sorgente fredda.
Come si può notare dall'ultimo raccoglimento, il rendimento di una macchina termica è sempre inferiore all'unità.

Considerando i soli cicli reversibili, è sempre possibile identificare un ciclo di Carnot equivalente, il cui rendimento teorico dipende dalle sole temperature massima e minima di ciclo:

$$\eta = \frac{T_2 - T_1}{T_2} = 1 - \frac{T_1}{T_2}$$

Dove T_1 è la temperatura della sorgente fredda e T_2 è la temperatura della sorgente calda espresse in Kelvin: pertanto il rendimento di un motore termico reversibile, come quello operante secondo il ciclo Stirling, è definito solo dalle differenze di temperatura esistente tra i due scambiatori caldo e freddo.
Ad esempio considerando una temperatura di raffreddamento di 298 K (25°C) e una temperatura massima di 973 K (700°C) il rendimento massimo teorico non può superare il 69%
La temperatura massima è limitata dalla resistenza dei materiali impiegati per gli scambiatori: alla temperatura indicata solo gli acciai inossidabili più legati hanno ancora caratteristiche meccaniche accettabili. Il limite può essere superato solo con l'impiego di apposite leghe refrattarie, o materiali ceramici tecnici, aventi però costi proibitivi e notevoli difficoltà di lavorazione.
A peggiorare ulteriormente il quadro intervengono effetti indesiderati come lo scambio termico imperfetto, le trasformazioni termodinamiche non ideali e i rendimenti meccanici della macchina. Per esempio il rendimento di un perno su boccola lubrificata è di 0,93 (perdita del 7% di potenza); quello di una coppia di ingranaggi è di 0,97.
Il rendimento globale della macchina è il prodotto di tutti questi rendimenti: essendo tutti questi termini strettamente minori dell'unità, il loro prodotto risulterà minore del più piccolo tra di loro, pertanto il rendimento finale cala drasticamente

Poiché è l'espansione e la contrazione ciclica del gas a fornire lavoro utile, i due modi possibili di incrementare la potenza della macchina sono:

- Aumentare il salto termico tra scambiatore caldo e freddo, migliorando così anche il rendimento della macchina, ma vi è un limite superiore dovuto alla la resistenza dei materiali che costituiscono gli scambiatori
- Innalzare la pressione del ciclo a livelli superiori a quella atmosferica: tutti i motori evoluti e/o commerciali infatti presentano una pressione media del ciclo di decine o centinaia di volte superiore a quella atmosferica e temperature degli scambiatori caldi dell'ordine dei 600-800°C.

Lo sperimentatore che intendesse realizzare un motore pressurizzato e ad alta temperatura deve prestare particolare cura nella progettazione, dato che la macchina finita presenta le stesse caratteristiche di un recipiente in pressione (come una bombola di gas), inoltre particolare attenzione pone il problema della lubrificazione in caso di pressurizzazione con aria: il pericolo di esplosione delle nebbie e vapori di olio in una atmosfera pressurizzata contenete ossigeno, con effetti facilmente immaginabili, deve far riflettere e impone l'impiego della massima cautela.

Soluzioni costruttive e Tipi di macchine

Nel suo schema di principio, il motore Stirling è composto da cinque componenti meccanici di base:

- Il pistone di lavoro
- Lo scambiatore caldo
- Il rigeneratore
- Lo scambiatore freddo
- Il pistone dislocatore

Nulla vieta che, come pratica ingegneristica, uno stesso componente meccanico assolva a più compiti, come nel caso del cilindro del pistone dislocatore che solitamente funge anche da scambiatore caldo e da rigeneratore qualora la sua lunghezza sia pari a molte volte il diametro: questa è una prassi che si incontra di frequente in ambito modellistico, ma è la stessa soluzione costruttiva adottata nella prima macchina costruita dai fratelli Stirling.

Componenti a Contatto con il Gas

Una prima classificazione dei motori Stirling si può quindi effettuare in base alla disposizione dei componenti meccanici di base, prescindendo dal meccanismo di guida: il motore Stirling è costituito da due pistoni e una serie di scambiatori caldi e freddi con interposto il rigeneratore.
Uno dei due pistoni solitamente prende il nome di pistone dislocatore, o "displacer": altro non è che un pistone cavo con il compito di spostare il gas da uno scambiatore all'altro "occupandone lo spazio".

Configurazione Alfa

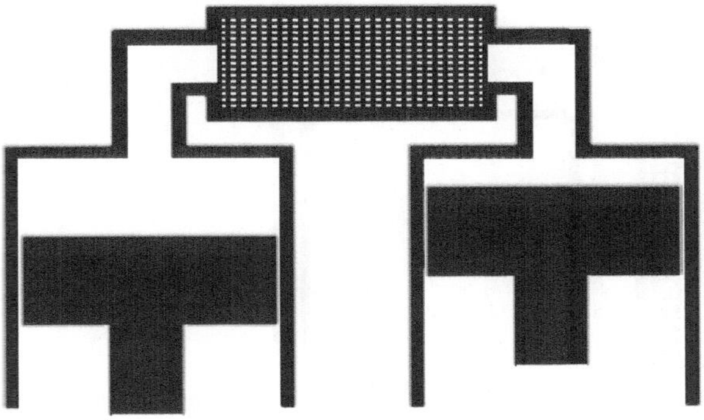

Pistone e dislocatore sono in cilindri separati, uniti dai condotti di scambio con interposto il rigeneratore. Il volume nocivo è rappresentato dalla pozione di gas racchiusa negli scambiatori e nel rigeneratore. È la soluzione costruttivamente più semplice.

Configurazione Beta

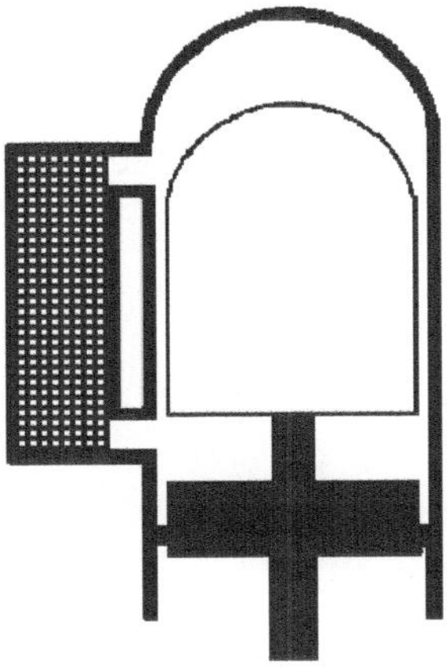

Pistone e dislocatore sono coassiali e condividono il medesimo cilindro, la costruzione è necessariamente molto raffinata sia per le tenute che per il cinematismo necessario ad azionarla.
Questa configurazione presenta il minimo volume nocivo, dato che con un opportuna progettazione è possibile sovrapporre i volumi spazzati da pistone motore e pistone dislocatore.

Configurazione Gamma

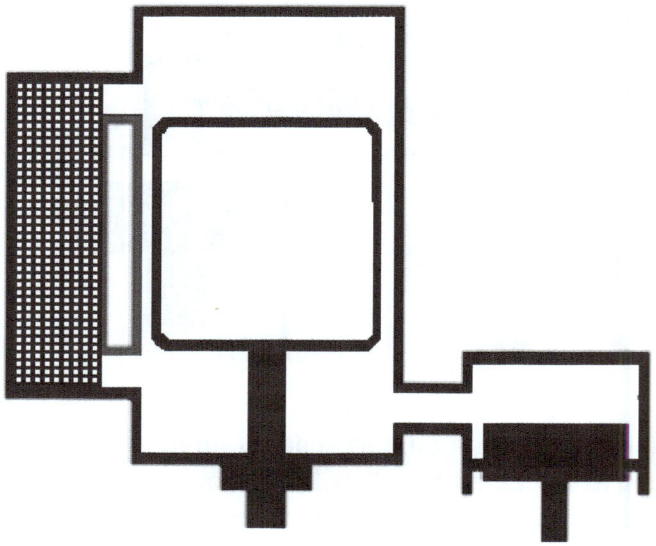

Pistone e dislocatore sono in cilindri separati, uniti da un condotto sul lato freddo: soluzione costruttivamente semplice e lineare, semplifica la realizzazione in quanto permette, grazie al condotto di collegamento, di posizionare liberamente il pistone motore rispetto al pistone dislocatore. Purtroppo, se non progettata correttamente e con accortezza, presenta un notevole volume nocivo, superiore a tutte le altre configurazioni.

Cinematismi

Quando il motore di Stirling viene impiegato come motore primo in grado di fornire energia meccanica, tutte queste configurazioni sono collegate ad un opportuno cinematismo in grado di trasformare in rotatorio il moto alternativo dei due pistoni, mantenendo il corretto sfasamento tra il moto del pistone motore e quello del dislocatore.

Albero a Gomiti

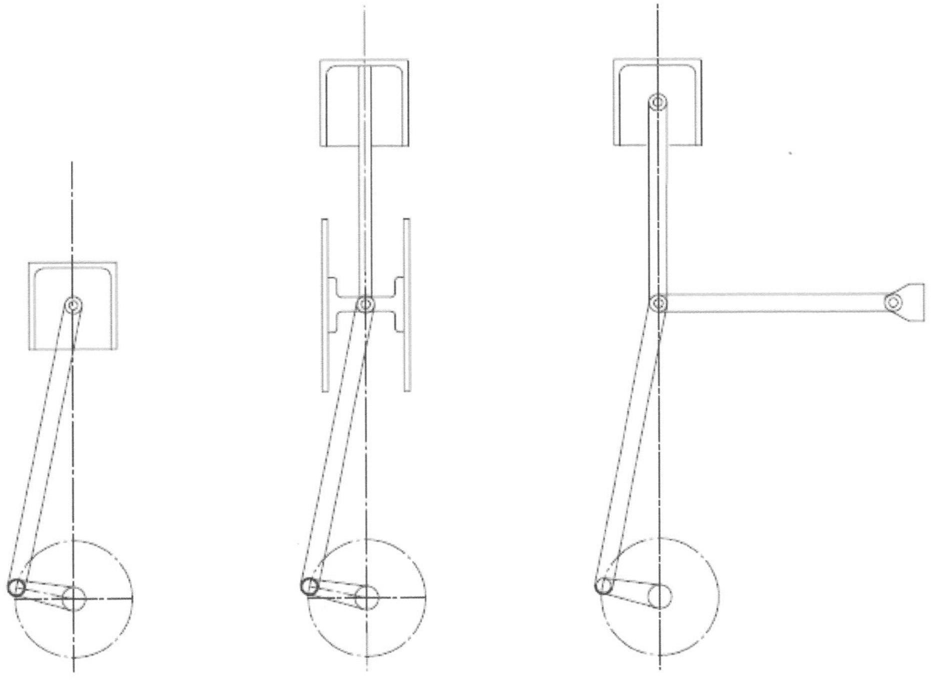

Rappresenta la soluzione più semplice e tradizionale, ma anche quella che presenta le maggiori forze laterali sul pistone: solitamente infatti è opportuno inserire una testa a croce in modo da non sollecitare eccessivamente le tenute striscianti del pistone. In figura, a sinistra è rappresentato il manovellismo base, mentre al centro vi è la soluzione con testa a croce e a destra una soluzione più semplice della testa a croce, ma altrettanto efficace nella riduzione degli sforzi laterali

Scotch Yoke

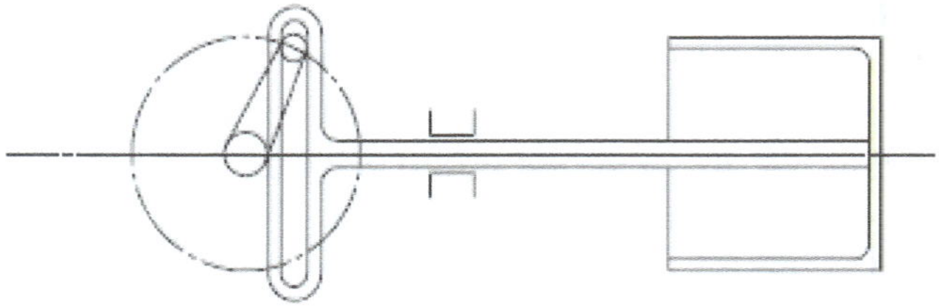

Adatta per corse piccole, presenta il notevole pregio di eliminare completamente le forze laterali sul pistone. A regime di rotazione costante, il movimento risultante compiuto dal pistone è una sinusoide perfetta

Ross Yoke

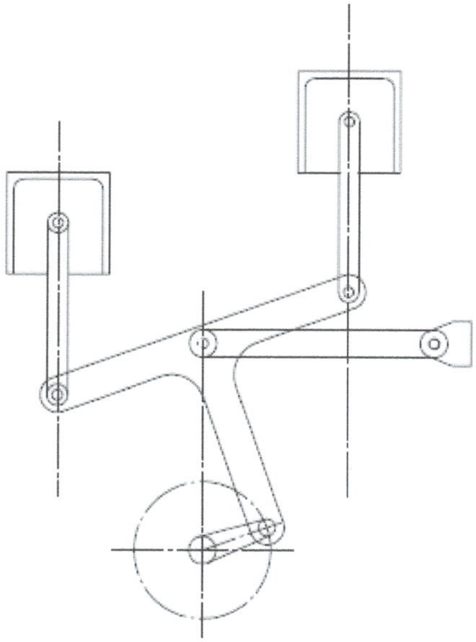

Cinematismo di concezione piuttosto recente, inventato dal grande sperimentatore Andy Ross: è una soluzione particolarmente adatta per motori di tipo "Alfa". Costruttivamente compatta, semplifica la costruzione e consente di abbattere le sollecitazioni laterali sul pistone.

Swash Plate

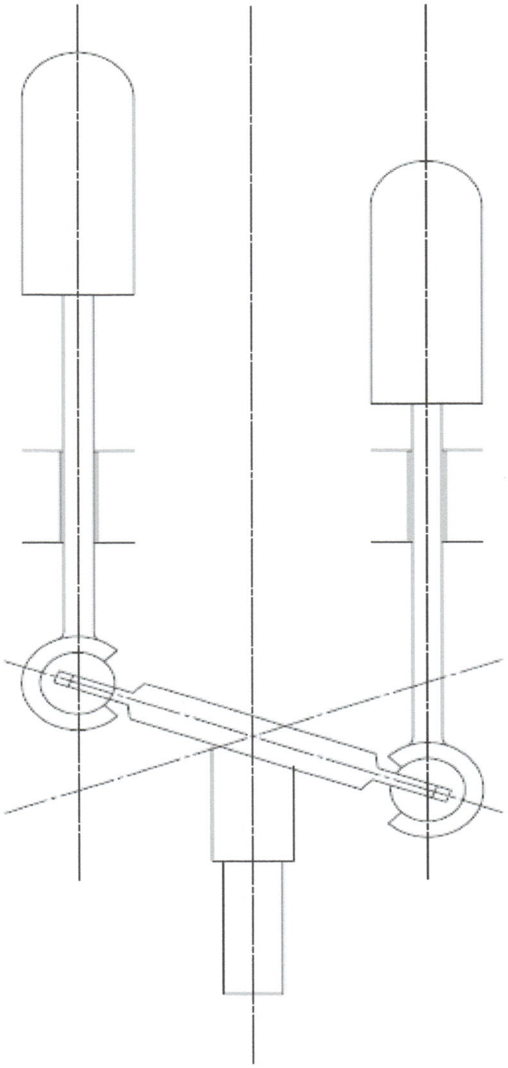

I cilindri sono raccolti a fuso e vengono movimentati da una piastra oscillante collegata all'albero motore: la disposizione risultante è molto compatta e completamente assiale; è la disposizione standard di molte macchine commerciali ad elevate prestazioni, in quanto rappresenta una della soluzioni migliori per macchine pluricilindriche a doppio effetto.
Tuttavia presenta grandi problemi di lubrificazione e la sua costruzione non è propriamente alla portata dell'hobbista medio.

Rhombic Drive

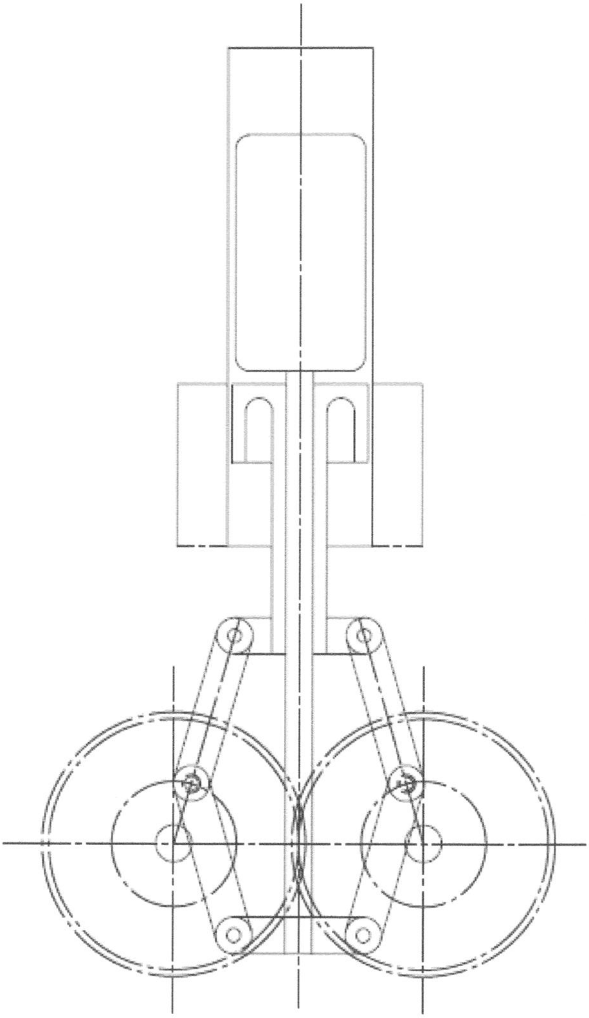

Trasmissione dedicata alla configurazione beta, inventata nei laboratori Philips di Eindhoven. La disposizione simmetrica permette una ottimale equilibratura e la completa eliminazione delle forze laterali, la costruzione è moderatamente complessa.

Bell Crank

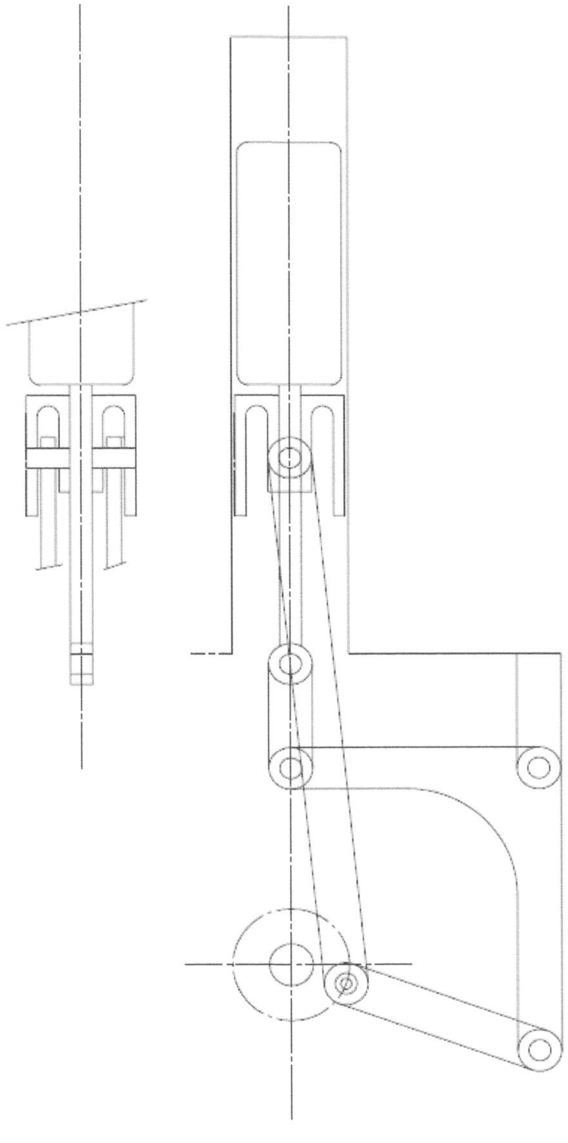

Altra trasmissione per configurazione beta sempre frutto del lavoro dei laboratori Philips: la costruzione è notevolmente semplificata, ma permette comunque di ottenere buoni risultati. Il rinvio con leva a squadra consente di impiegare una sola manovella per entrambi i pistoni. Inoltre il cinematismo risulta abbastanza compatto, consentendo l'impiego in motori pressurizzati.

Le soluzioni cinematiche elencate sono solo alcune delle più diffuse, altri meccanismi sono possibili e esistono innumerevoli configurazioni più o meno complesse: alcune sono eccessivamente fantasiose e complicate, molte sono coperte da brevetto.
Se al motore Stirling è richiesto soltanto di generare elettricità, allora risulta conveniente ricorrere ad alternatori lineari e realizzare con pistone e dislocatore due sistemi massa-molla risonanti: si parla allora di motori Stirling a pistoni liberi. Tale soluzione (quasi sempre in configurazione Beta) ha il pregio di eliminare le forze laterali sul pistone (sempre presenti con i manovellismi tradizionali) riducendo al minimo gli attriti e semplificando notevolmente la macchina, a tutto vantaggio dell'affidabilità.

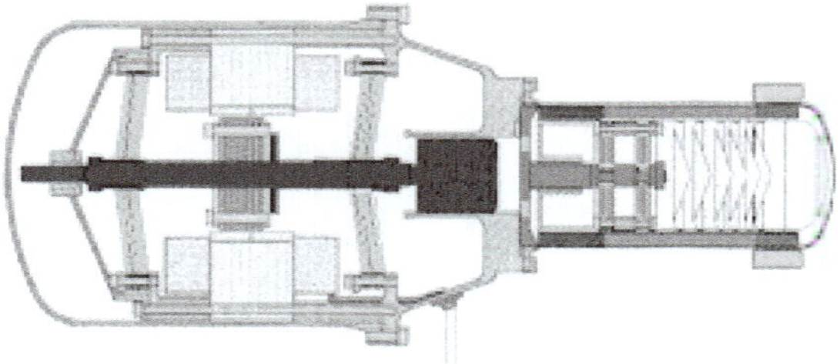

È questo il caso dei motori Stirling a radioisotopi studiati da NASA e JPL per la generazione di elettricità nello spazio remoto.

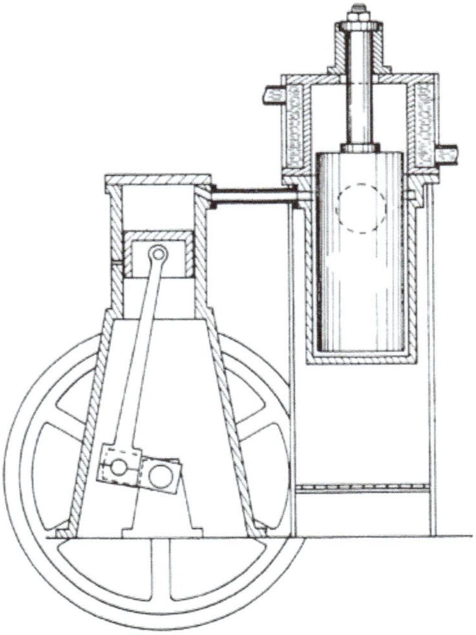

Esistono anche soluzioni ibride, in cui è presente un collegamento meccanico solo tra il pistone e l'albero motore, mentre il dislocatore viene comandato elettricamente con un motore ausiliario (soluzione Martiini) oppure dalla variazione di pressione interna del motore, come nel caso della configurazione inventata da Ossian Ringbom, che porta il suo nome (rappresentata nella figura precedente): tali motori si pongono a metà strada tra i motori a pistoni liberi e quelli a guida cinematica.
Mentre per i motori di tipo Ringbom l'unico beneficio è una globale semplificazione della macchina (mancano i meccanismi di guida del dislocatore), la soluzione Martiini, che risulta adatta solo per motori di taglia importante, risolve uno dei grandi problemi del motore Stirling: la regolazione.
Svincolando il dislocatore dal motore e comandandolo separatamente, l'intero motore Stirling diviene una sorta di "amplificatore di forza" che segue il movimento del dislocatore: il motore può essere portato a operare a qualunque regime di rotazione semplicemente agendo sul motore ausiliario che comanda il dislocatore.

In alcuni casi, la peculiarità dell'applicazione è tale da generare macchine altrettanto particolari come ad esempio i motori Stirling a bassa differenza di temperatura (LTD - Low Temperature Difference) o i convertitori termoacustici:

I primi sono una "degenerazione" della configurazione gamma: per poter sfruttare l'esiguo salto termico il pistone dislocatore e il suo cilindro assumono una forma appiattita, in modo da massimizzare lo scambio termico concentrandolo alle facce piane opposte, lo stesso rapporto tra volume del pistone dislocatore e del pistone cresce notevolmente, con il pistone che, a parità di corsa, ha un diametro pari a solo 1/10 del pistone dislocatore.

I convertitori termoacustici invece sono una versione "estrema" della macchina a pistoni liberi, in cui gli stessi pistoni non esistono più e sono sostituiti dagli effetti dinamici dovuti alle onde di compressione sonora nel gas. Vengono solitamente impiegati in abbinamento con alternatori lineari, ma in campo modellistico esistono varianti con pistone e albero a gomiti, che vanno sotto il nome di Lamina Engines. Anche il semplice tubo risonante è una dimostrazione sicuramente di grande effetto del fenomeno.
Per la sua peculiarità, la relativa novità della scoperta e le caratteristiche che ben si prestano all'autocostruzione anche con utensili manuali, la variante termoacustica del motore Stirling merita un approfondimento a parte.

Termoacustica

Nella tecnica termoacustica la conversione dell'energia termica in energia elettrica avviene attraverso la generazione di energia acustica: suoni monotonali (aventi una unica frequenza), che possono superare 190dB pongono in oscillazione alternatori lineari che convertono l'energia acustica in energia elettrica utilizzabile.
Il motore termoacustico non ha cinematismi rotanti, superfici e tenute striscianti, non ha lubrificanti e sistemi di lubrificazione, impiega gas di lavoro naturali, è policombustibile e inoltre può utilizzare calore a bassa temperatura (solare termodinamico e tradizionale).
I vantaggi che presenta sono numerosi anche nei confronti del motore Stirling: grande affidabilità, costi di produzione ridotti, assenza di manutenzione, semplicità.

La termoacustica sfrutta i processi di scambio termico tra un gas attraversato da onde acustiche monotonali e le sue superfici di lavoro e di contenimento.
Questa tipologia di macchine è intimamente legata al motore Stirling, tanto che si può affermare che entrambe rappresentino due facce della stessa medaglia: i convertitori termoacustici possono essere visti come motori Stirling operanti a grandissima velocità e, viceversa, i motori Stirling come convertitori termoacustici con frequenze associate molto basse.

Si deve a Rayleigh l'intuizione che il riscaldamento e il raffreddamento ciclico di un gas poteva generare onde sonore "se il calore viene ceduto all'aria nel momento di massima condensazione o sottratto al momento di massima rarefazione" e, viceversa, un'onda sonora era causa di riscaldamento e raffreddamento locale del gas in cui viaggia.
Gli effetti termoacustici sono noti da molto tempo, Higgins (1777), Sondhauss (1850) e Rijke (1859) hanno descritto casi in cui "le fiamme cantano" quando sono intubate o riscaldano recipienti tubolari: questi fenomeni acustici rimasero confinati tra le curiosità da salotto fino all'inizio del 1900 quando si evidenziarono, con effetti molto negativi, nei casi di combustione in ambienti confinati.
Nella stragrande maggioranza delle macchine e degli impianti odierni, i fenomeni termoacustici si manifestano in maniera del tutto involontaria e sono causa di sollecitazioni impreviste con effetti quantomeno fastidiosi: vibrazioni nei condotti di scarico dei fumi di caldaie e rumorosità dei bruciatori, effetto Taconis nei tubi di impianti criogenici.

Tutti questi effetti causano sollecitazioni capaci talvolta di causare danni catastrofici per la macchina (ad esempio quando si instaurano nei combustori delle turbine a gas o nei motori dei razzi). Tutti questi fenomeni furono considerati come disturbi o, peggio, fenomeni dannosi e pericolosi per le macchine e le persone: quindi da prevenire ed evitare ad ogni costo.

Solo dopo il 1950 si scoprì che l'energia acustica poteva essere utilizzata con vantaggio per generare freddo o caldo o per produrre energia meccanica ed elettrica, per liquefare i gas o per sostituire parti meccaniche. In particolare si deve a Ceperley nel 1979 la scoperta che il ciclo termodinamico dei motori Stirling presenta lo stesso rapporto di fase tra pressione e velocità di quello di un onda sonora progressiva e quindi che, con opportuni accorgimenti, diviene possibile realizzare macchine termiche con la semplicità e l'eleganza delle onde sonore.

Esistono fondamentalmente due classi di convertitori termoacustici che soddisfano il criterio di Rayleigh: i motori a onda stazionaria e quelli a onda progressiva. Entrambe si basano su di un setto con canalizzazioni detto stack o rigeneratore: questo componente fondamentale rappresenta un vero e proprio mezzo termodinamico in quanto interagisce con il fluido di lavoro permettendo la realizzazione del ciclo termodinamico.
Nei convertitori a onda stazionaria il gas oscilla, come il nome suggerisce, con un rapporto di fase proprio dell'onda stazionaria. Il contatto termico tra pareti e fluido è volutamente mantenuto imperfetto: presentando pressione e velocità in quadratura, le trasformazioni in gioco sono per forza irreversibili. È da notare che la macchina è però "meccanicamente" ancora reversibile, potendo funzionare sia da motore primo che da pompa di calore.
Nei convertitori a onda progressiva il gas oscilla con un rapporto di fase di onda progressiva: in questo caso si cerca di rendere il contatto termico tra pareti e fluido il più perfetto possibile e si realizza una vera e propria macchina a ciclo Stiling.

Grazie all'intuizione di Ceperley è stato possibile "eliminare i pistoni" dai motori Stirling (convertitori a onda progressiva) ed è anche stata stimolata la ricerca di apparecchiature di potenza basate sull'oscillazione Sondhauss (convertitori a onda stazionaria).

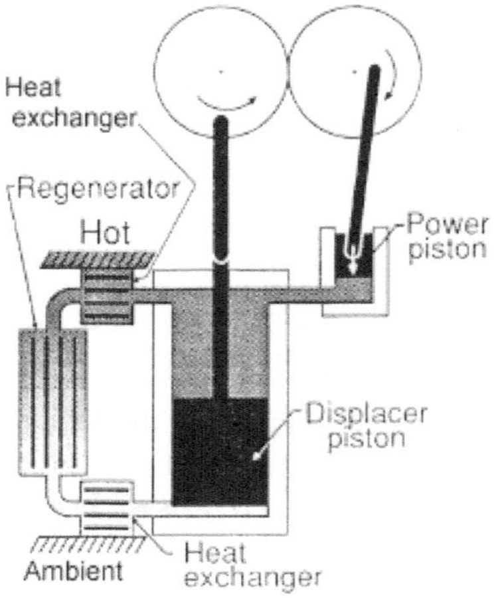

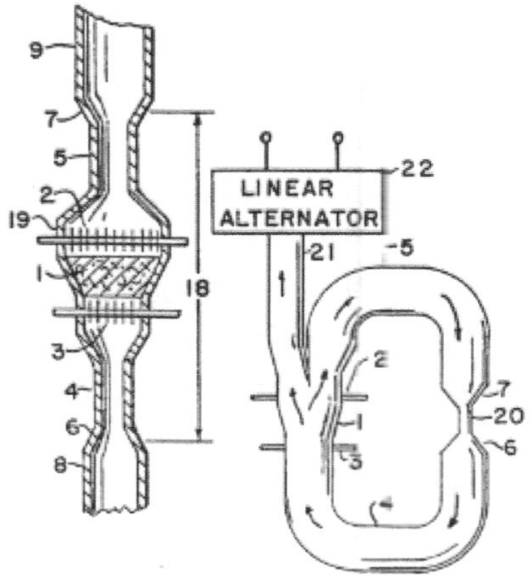

In un motore Stirling (a sinistra), due pistoni opportunamente sfasati fanno compiere al fluido di lavoro il ciclo termodinamico tra i due scambiatori e il rigeneratore: compressione, spostamento da ambiente freddo a ambiente caldo, espansione con recupero di lavoro e spostamento da ambiente caldo a ambiente freddo.
Ceperley (a destra) ha proposto di eliminare i due pistoni, inserendo scambiatori e setto rigeneratore in una opportuna guida d'onda, da cui estrarre energia per mezzo di un trasduttore e un alternatore lineare.

Tipologie di Convertitori Termoacustici

In questo capitolo verranno descritte le principali tipologie di convertitori termoacustici esistenti: verrà descritto brevemente il funzionamento e la disposizione dei componenti, nonché elencate alcune caratteristiche salienti. Il gas oscillando si comprime e rarefa ciclicamente, scambiando calore con la sorgente calda e fredda. Compie in sostanza un ciclo simile a quello Stirling, ma senza pistone e dislocatore: è la stessa inerzia del gas a consentire la compressione nella cavità risonante.

Prima di proseguire è utile definire alcune grandezze relative al suono e alle cavità risonanti, in particolare la velocità del suono (c_S), che a temperatura e pressione ambiente vale circa 345 m/s. A partire da questo dato si può ricavare la frequenza caratteristica di una cavità risonante in base alla sua lunghezza ed ai suoi parametri costruttivi:

- una cavità con un estremo chiuso e uno aperto è una cavità a quarto d'onda, cioè la sua lunghezza è pari a un quarto della lunghezza d'onda associata alla frequenza di funzionamento;
- una cavità con entrambi gli estremi chiusi o aperti è una cavità a mezz'onda, cioè la sua lunghezza è pari alla metà della lunghezza d'onda associata alla frequenza di funzionamento

Quindi, per una cavità a quarto d'onda, la frequenza sarà:

$$F = \frac{c_s}{4L}$$

Mentre per una cavità a mezz'onda:

$$F = \frac{c_s}{2L}$$

A titolo di esempio, sono di seguito rappresentati due tipologie di convertitore termoacustico che presentano, rispettivamente, una cavità a mezz'onda ed una a quarto d'onda:

Il Tubo di Rijke

Deve il nome al professore di fisica dell'università di Leida che lo realizzò per la prima volta nel 1859.
È sostanzialmente un risonatore a ½ onda dove la reticella arroventata funge da scambiatore caldo e da stack. La sorgente fredda è costituita dal movimento d'aria che si instaura per effetto camino: il dispositivo infatti, se posto in orizzontale, cessa di funzionare.

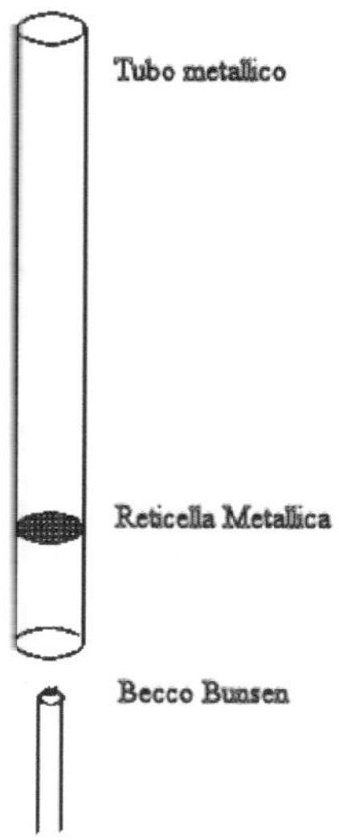

Il Tubo di Hofler

È caratterizzato da una cavità chiusa ad un estremo, che si traduce in un risonatore a ¼ d'onda: a parità di frequenza risulta molto più compatto del precedente (la metà dell'ingombro).

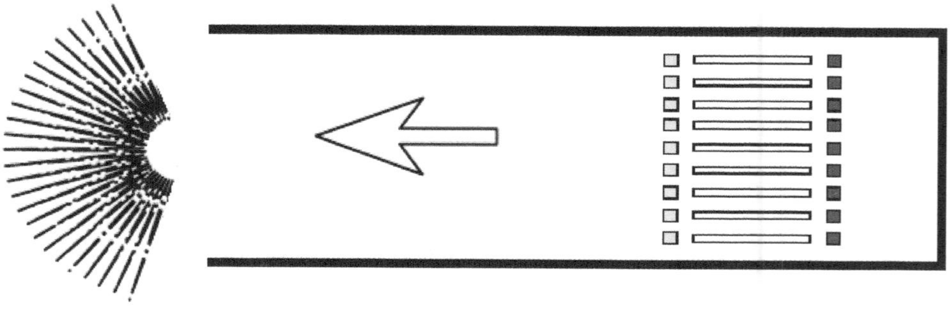

Motori a onda stazionaria

Sono la tipologia costruttivamente più semplice di convertitore termoacustico: il rapporto di fase che li caratterizza è quello di un'onda stazionaria, quindi un semplice risonatore composto da un condotto con una sola (λ/4) o entrambe (λ/2) le estremità chiuse, presenta le caratteristiche acustiche desiderate.

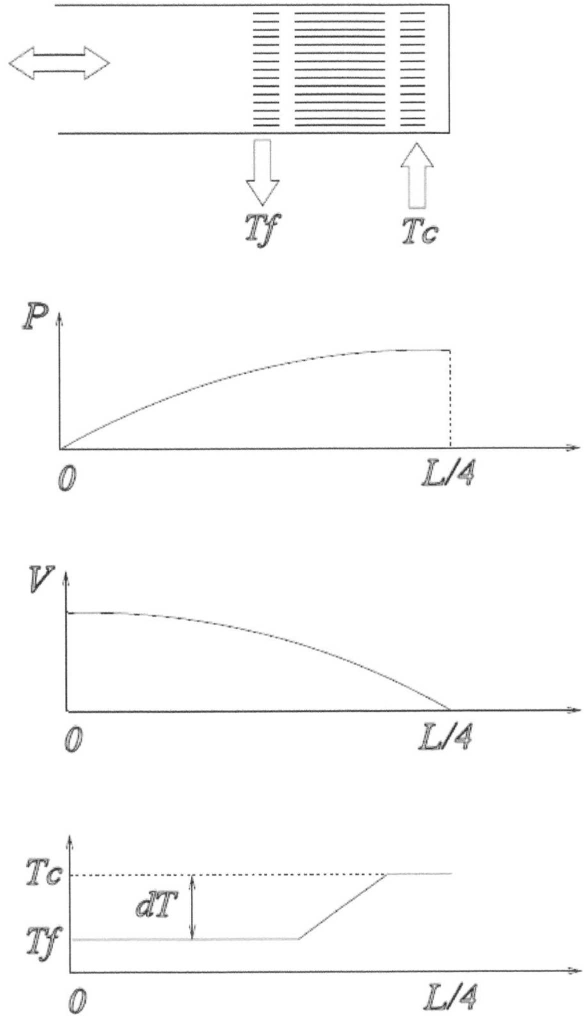

In un onda stazionaria, pressione e velocità sono tra loro in quadratura, pertanto il contatto termico tra gas e parete dello stack viene mantenuto volutamente "imperfetto": con questo accorgimento la particella può scambiare calore solo durante l'inversione del moto agli estremi della oscillazione (in condizioni isobare), mentre subisce una compressione e una espansione "quasi" adiabatiche nello spostamento da una posizione all'altra. In conseguenza di ciò insorgono fenomeni irreversibili e il ciclo caratteristico si presenta molto schiacciato. Questo tipo di macchina risulta quindi globalmente irreversibile: compie un ciclo meccanicamente reversibile, operando una serie di piccole trasformazioni irreversibili, per questa ragione il suo rendimento massimo non può in nessun caso eguagliare quello del ciclo teorico di Carnot operante con lo stesso salto di temperatura.

Per ottenere la massima efficienza dalla macchina si deve risolvere un compromesso tra perdite viscose e scambio termico: solitamente si pone il complesso stack-scambiatori in una posizione in cui

$$Z = 5 \cdot \rho \cdot c_s$$

dove Z è l'impedenza acustica del condotto, ρ e c_s sono rispettivamente la densità e la velocità del suono nel gas considerato. Ciò si traduce in una posizione del complesso stack-scambiatori a una distanza dal fondo del risonatore compresa tra $\lambda/20$ e $\lambda/8$.

Motori a onda progressiva

Nei motori a onda progressiva, la conversione di calore in energia acustica avviene nel setto rigeneratore, che realizza un uniforme gradiente di temperatura tra lo scambiatore caldo e quello freddo. La dimensione caratteristica dei passaggi deve essere molto più piccola di quella adottata nei motori a onda stazionaria, in modo che il contatto termico del gas sia il più perfetto possibile: solitamente viene impiegata una matrice porosa, realizzata sovrapponendo strati di rete metallica fine.
In questo modo la particella di gas in moto oscillatorio subisce una compressione e una espansione isoterme, al pari di quanto avviene nel ciclo Stirling: il convertitore termoacustico risultante opera una trasformazione completamente reversibile e può quindi raggiungere rendimenti molto più elevati dell'alter-ego a onda stazionaria.

I motori a onda progressiva sono propriamente degli "amplificatori" termoacustici: al contrario dei motori a onda stazionaria, nei motori a onda progressiva si deve iniettare potenza acustica dal lato dello scambiatore freddo per ottenere l'amplificazione sonora, che si realizza nel rigeneratore. La cavità acustica deve essere realizzata con particolari accorgimenti, in quanto un risonatore semplice non presenterebbe il corretto rapporto di fase: si ricorre quindi a cavità toroidali che, richiudendosi su se stesse, sono in grado di riportare in retroazione una parte della potenza acustica generata e garantire quindi l'autosostentamento del convertitore. Solitamente sono altresì necessari dei dispositivi atti a controllare e governare la deriva in frequenza dell'onda progressiva: a tale scopo si impiegano dei risonatori meccanici o di Helmholtz.

Vantaggi e Svantaggi

Di seguito vengono elencati i principali pregi e difetti dei convertitori termoacustici: essi sono principalmente simili a quelli dei motori Stirling "tradizionali" ma presentano alcuni pregi in più, in virtù della loro peculiarità di costruzione e funzionamento in assenza pressoché totale di cinematismi.

Vantaggi dei convertitori termoacustici:

- Accettano virtualmente ogni tipo di fonte di calore.
- Nel caso si impieghi la combustione, questa è esterna e continua: può dunque essere correttamente controllata in modo da ridurre sensibilmente gli incombusti e i gas inquinanti.
- Non ci sono né esplosioni, né combustione interna: il funzionamento è dunque estremamente regolare.
- Basandosi su oscillatori armonici, anche la frequenza dell'elettricità prodotta è molto precisa e stabile, semplificando l'allacciamento alla rete.
- Assenza di lubrificazione.
- Elevata affidabilità.
- Assenza pressoché totale di manutenzione.
- Reversibilità del ciclo, cui corrisponde un rendimento teorico molto elevato e la possibilità di utilizzare la macchina come pompa di calore: si possono realizzare gruppi trigenerativi con molta facilità e i gruppi pompa di calore possono essere costruiti senza alcuna parte in movimento.
- Assenza del rischio di sovraccaricare la macchina: se il guadagno di cavità scende sotto l'unità, il convertitore semplicemente si spegne.
- Scalabilità: da unità di piccola potenza a vere e proprie "torri" per la liquefazione del gas naturale.

Principali difetti:

- Lentezza di avviamento.
- Bassa potenza specifica / ingombro ancora elevato.
- Richiesta di materiali speciali per gli scambiatori ad alta temperatura (creep).
- Le unità più grandi sono assimilabili a recipienti in pressione.
- Problemi di resistenza a fatica per la sollecitazione ciclica delle onde sonore.
- Difficoltà di ottenere rendimenti elevati: tecnologia ancora giovane.
- Mancanza di una classe di trasduttori elettroacustici (alternatori lineari) di elevata potenza ed alta efficienza.

Termoacustica, Stato dell'Arte

La termoacustica (le cui realizzazioni applicative sono molto recenti) è stata finora adottata con successo nella realizzazione di macchine frigorifere: la sua applicazione principale è nei refrigeratori criogenici per sensori di infrarossi (pulse tube cryocoolers) in quanto presenta l'indubbio vantaggio di non possedere parti in movimento nella porzione a temperatura criogenica, a differenza dei refrigeratori Stirling criogenici.

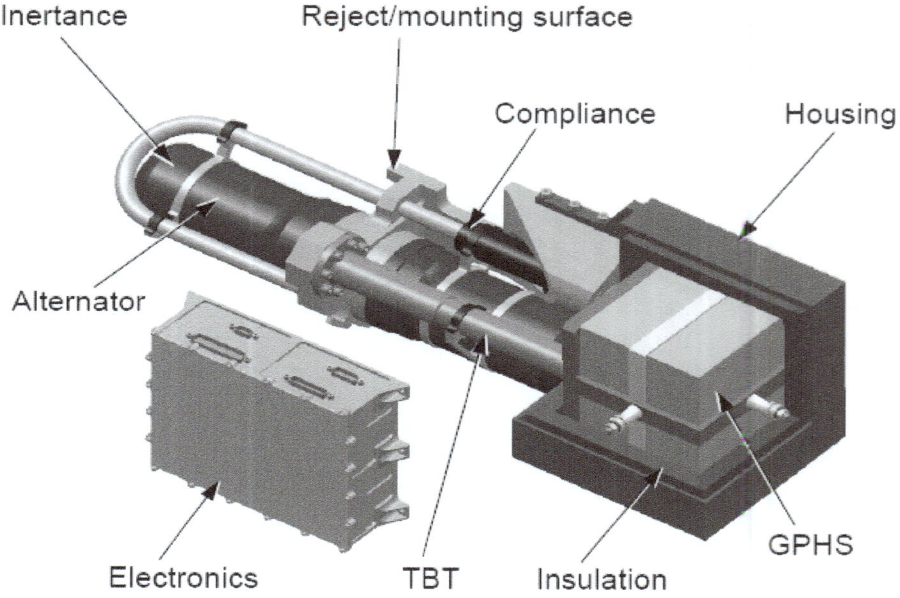

Il suo utilizzo come motore primo risulta essere altrettanto interessante: NASA e LANL hanno congiuntamente studiato e poi realizzato un prototipo di generatore termoacustico a radioisotopi da imbarcare sulle sonde spaziali a lungo raggio: HEPS (high efficiency power source) come alternativa ai generatori termoelettrici, molto affidabili ma con un rendimento solo dell'8%.
Nei test condotti l'HEPS ha raggiunto un efficienza di quasi il 20%

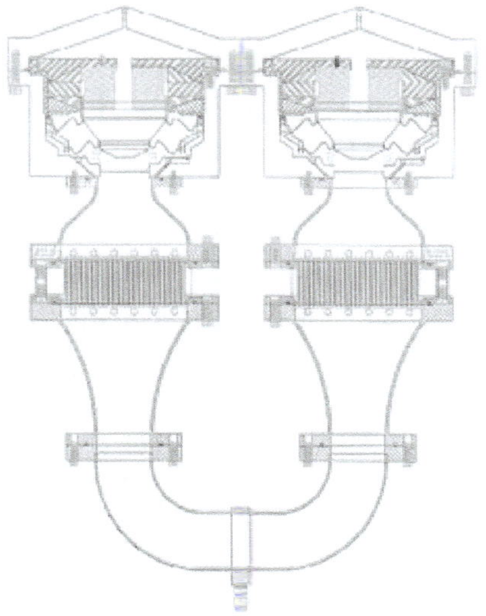

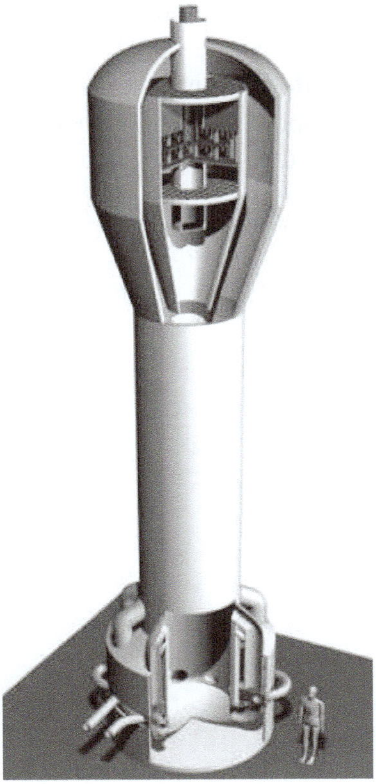

Sopra: refrigeratore termoacustico SETAC sviluppato dalla Penn State University per la marina degli Stati Uniti e impiegato nel raffreddamento di schede elettroniche di radar.

A lato: i convertitori termoacustici sono scalabili anche verso grandi taglie. Potendo realizzare gruppi pompa di calore senza parti in movimento, Praxair e LANL hanno realizzato impianti pilota per liquefare il gas naturale sfruttando la combustione delle esalazioni, che normalmente verrebbero bruciate in candela: si è reso così possibile lo sfruttamento di giacimenti situati in zone remote, che non giustificavano la costruzione di un metanodotto.

Sotto: Refrigeratore termoacustico realizzato da Penn State University in collaborazione con Ben and Jerry Ice Cream company. Questo particolare modello presenta una soluzione innovativa che tramite la sovrapposizione di due onde acustiche, permette di raddoppiare la drive ratio a parità di trasduttore impiegato, consentendo un miglioramento notevole delle prestazioni.

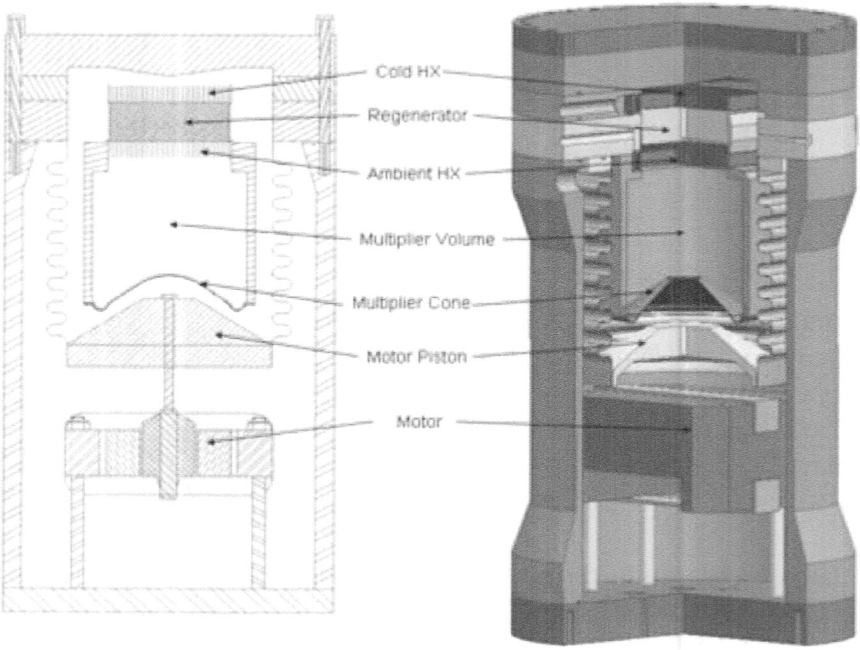

Notizia contemporanea alla stesura del presente libro è stato il riconoscimento, avvenuto il 25-07-2006, del brevetto US 7'081'699 - Thermoacoustic Piezoelectric Generator, frutto delle ricerche effettuate alla Penn State University.

Nel brevetto viene descritto un generatore termoacustico a onda progressiva molto raffinato, che grazie all'adozione di un innovativo generatore piezoelettrico ha consentito di ottenere, su taglie di potenza di 2Kw una efficienza elettrica del 25% con una densità di potenza di 156 W/kg per il solo generatore e 95 W/Kg, ausiliari compresi.

Suggerimenti per la Costruzione

Linee Guida

Nel progetto e nella realizzazione di un motore Stirling è opportuno prestare la massima attenzione nella cura di alcuni dettagli fondamentali: a differenza di un motore a combustione interna, dove anche in campo modellistico le potenze specifiche sono tali da perdonare anche pesanti difetti costruttivi, nel caso di un motore Stirling le forze in gioco sono talmente esigue da non lasciare molto margine per difetti e inefficienze.
Per avere le massime possibilità di successo in ogni fase della costruzione occorre rispettare alcune semplici norme:

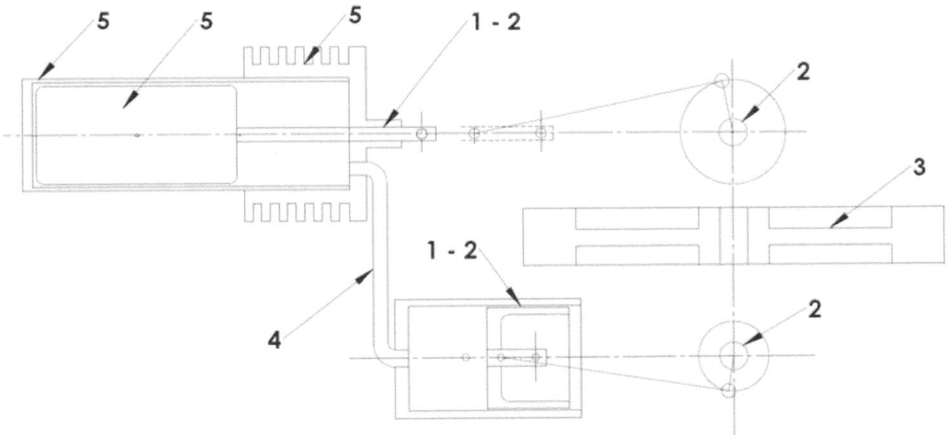

1. Ridurre le perdite e i trafilamenti:
   - Tenute molto precise
   - Lubrificazione
2. Ridurre al minimo gli attriti:
   - Impiegare ovunque possibile i cuscinetti a sfere
   - Pistone "superquadro"
   - Curare la lubrificazione
3. Utilizzare un volano di dimensioni generose
4. Ridurre il volume nocivo (spazio morto) al minimo
5. Scegliere materiali adeguati per ogni componente in modo da evitare conduzioni indesiderate di calore:
   - Conduttivi per gli scambiatori
   - Isolanti per il dislocatore e le pareti del suo cilindro

In seguito si analizzeranno nel dettaglio questi aspetti, fornendo alcuni consigli utili per ciascuno.

Tenute

Il motore deve essere il più possibile stagno: come si è visto nei precedenti paragrafi, il ciclo Stirling è un ciclo chiuso e avviene senza nessun ricambio con l'aria esterna. In un motore di dimensioni modellistiche, in virtù della piccola cilindrata, anche minimi trafilamenti possono compromettere del tutto il funzionamento del modello.

Ovviamente le tenute più difficili da realizzare sono quelle striscianti su pistone e asta di scorrimento del pistone dislocatore, in quanto si devono soddisfare contemporaneamente le esigenze di basso attrito e di tenuta: la tenuta perfetta è irrealizzabile, ma una corretta lubrificazione contribuisce a ridurre perdite e attriti al minimo.

Per garantire la tenuta negli accoppiamenti statici, si possono usare le paste usate per sigillare i motori automobilistici, oppure prodotti a base di silicone (motorsil). Verificare sempre che i prodotti siano adatti all'impiego a temperature di almeno 150 °C

Sono sconsigliati i liquidi tipo frena-filetti, in quanto diventa difficoltoso l'eventuale successivo smontaggio. Per semplificare il collaudo, si consiglia di praticare sul corpo del motore un piccolo foro filettato Ø 3-4 mm in modo da potervi collegare, con un raccordo, un tubo in plastica. Soffiando leggermente nell'estremità libera del tubo, le eventuali perdite verranno evidenziate dal sibilo e dalle bollicine che emergono dal lubrificante.

Lubrificazione

Per garantire il funzionamento e la durata del motore è indispensabile una lubrificazione periodica di tutte le parti in movimento. Considerando le esigue potenze sviluppate, la riduzione al minimo degli attriti è una delle necessità più importanti.

Si consiglia di usare degli olii molto fluidi: petrolio per lampade oppure spray tipo SVITOL o WD40.

Per il tipico motore modellistico poche gocce sono più che sufficienti, anzi una lubrificazione eccessiva può causare danni: l'olio si accumula nello spazio di lavoro e può migrare verso la zona calda, dove si carbonizza lasciando morchie e depositi carboniosi che riducono lo scambio termico e possono arrivare anche a impastare il movimento del dislocatore.

Prima di ogni avviamento controllare che il motore giri liberamente e senza attriti. Il volano a vuoto deve fare, per inerzia, almeno 2- 3 giri completi.

Va sempre tenuto presente che, mancando di una lubrificazione continua, l'uso del motore ad alta velocità crea un deterioramento precoce delle parti a tenuta. Per le stesse ragioni è consigliabile non lasciarlo in funzione per tempi eccessivamente prolungati senza supervisione.

Cuscinetti e Bronzine

Quando possibile è caldamente consigliato l'impiego di cuscinetti a sfere sia per l'albero del volano che per i perni di biella. Sul mercato si trovano cuscinetti di piccolo diametro a prezzi tutto sommato contenuti. Porre particolare attenzione alla scelta dei diametri e degli spessori scegliendo il cuscinetto con dimensione e portata più adatta all'impiego. Sempre nell'ottica della eliminazione degli attriti, scegliere cuscinetti con schermi di protezione metallici (suffisso ZZ) e non con protezione in gomma a strisciamento (suffisso RS)

Se l'attrito degli schermi è eccessivo, si possono eliminare delicatamente con l'aiuto di uno spillo e un paio di pinze a becchi sottili.

Poiché è una applicazione di precisione, i cuscinetti vanno montati sui perni e nelle loro sedi con la pressione delle mani, cioè senza eccessiva interferenza. In caso di gioco eccessivo, si possono bloccare con cianoacrilato oppure con appositi liquidi per il bloccaggio dei cuscinetti.

Pistone e Cilindro

Il pistone motore e il suo cilindro sono la parte attiva del motore Stirling e anche una delle più critiche dell'intera costruzione. Occorrono accoppiamenti molto precisi, che non lascino trafilare l'aria e al contempo abbiano un ridotto coefficiente d'attrito. Si consiglia innanzitutto di costruire macchine con quello che in tecnica automobilistica viene definito un pistone "superquadro", ossia con una corsa inferiore al suo diametro (tipicamente la metà), allo scopo di limitare le perdite per attrito.

Come consuetudine ingegneristica, vanno utilizzati due materiali dissimili, aventi diversa composizione e durezza superficiale, in modo da evitare il grippaggio e sacrificando all'usura il pezzo più facilmente sostituibile.

Da esperienze fatte, la soluzione più semplice è quella di usare cilindri in bronzo e pistoni in acciaio con superficie cromata-rettificata

Le barre cromate, nei vari diametri commerciali, si trovano facilmente presso i rivenditori di materiali utilizzati per la fabbricazione dei cilindri pneumatici ed idraulici. Normalmente si trovano con tolleranze di classe f7, ossia alcuni centesimi sotto la misura nominale. Nella scelta va posta

attenzione a non acquistare quelle temprate, che risulterebbero impossibili da lavorare con le attrezzature disponibili all'hobbista.
Utilizzando uno spezzone di scarto di barra e pasta abrasiva molto fine, si può eseguire una lappatura del cilindro, ottenendo così un accoppiamento perfetto. Un ulteriore miglioramento si può ottenere realizzando sul pistone, due - tre scanalature aventi una profondità di alcuni decimi di millimetro: trattenendo l'olio miglioreranno la tenuta e la lubrificazione. Stante la durezza superficiale della cromatura, si consiglia di eseguirle con un disco abrasivo sottile oppure con lima diamantata.
Un altro accoppiamento pistone cilindro consigliato, è quello di costruire il cilindro in ghisa ed il pistone in acciaio di qualità: la ghisa ha il vantaggio di risultare leggermente porosa e pertanto trattiene meglio il lubrificante.
Tutte le superfici di scorrimento vanno accuratamente lucidate con carta o pasta abrasiva finissima (grana 1000 o 1200).

Per i motori molto piccoli, la soluzione migliore è quella di costruire la camicia in ottone, oppure in tubo di vetro calibrato ed il pistone in grafite.
Grafite amorfa in blocchi può essere reperita presso aziende che effettuano lavorazioni per elettroerosione a tuffo (per esempio i costruttori di stampi per iniezione) o nelle spazzole dei motori a corrente continua di grosse dimensioni. Un'altra possibile soluzione è quella di impiegare una siringa in vetro con relativo stantuffo molato, entrambi tagliati a misura.

Volendo semplificare al massimo la costruzione il pistone può anche essere realizzato con una membrana opportunamente ritagliata da un guanto in vinile: non usare guanti in lattice perché sono incompatibili con gli olii lubrificanti.
Se la temperatura di utilizzo non è elevata, il pistone si può realizzare in resina poliuretanica o epossidica caricata con un 40 – 50% in peso di grafite in polvere: la miscela va colata direttamente dentro un spezzone di cilindro.
Se si utilizzano cere oppure distaccanti di minimo spessore per rivestire lo stampo, si possono ottenere pistoni già a misura pronti per l'utilizzo.
Si sconsigliano pistoni in altri materiali polimerici di qualsiasi tipo, in quanto la tenuta diventa precaria in virtù del differente coefficiente di espansione termica rispetto a quello dei metalli.

Le stesse considerazioni precedentemente esposte si applicano per l'accoppiamento boccola ed alberino di sostegno del dislocatore: purtroppo è difficile trovare barre cromate con dimensioni inferiori a 6-8 mm e pertanto ci si dovrà adattare a utilizzare ciò che si riesce a reperire.

Considerando che anche un gioco tra perno e boccola di soli 2 o 3 centesimi di mm può risultare eccessivo per garantire la tenuta, si consiglia di usare punte da trapano ed alesatori leggermente sotto misura ed allargare il foro per lappatura, impiegando il perno e pasta abrasiva finissima.

Per i costruttori più esperti ed attrezzati si suggerisce l'esecuzione degli alberini in acciaio temprato e rettificato. Se questa procedura è attuabile, si consiglia inoltre, per le boccole, l'utilizzo del bronzo legato a basso coefficiente d'attrito (bronzo all'alluminio, oppure Caro-A).

Scambiatore Caldo

Mentre nei motori ad elevate prestazioni scambiatori caldi e freddi sono componenti separati, solitamente costituiti da alettature o fasci tubieri, nei modellini si può realizzare una costruzione "a testa calda" (hot-cap in inglese) che funge sia da scambiatore caldo, da cilindro per il dislocatore e da rigeneratore, semplificando così di molto la costruzione.
Utilizzando questa soluzione è molto importante limitare il più possibile la diffusione del calore lungo il cilindro del dislocatore, pertanto i materiali impiegati non devono presentare una eccessiva conducibilità del calore.
In ambito modellistico risulta particolarmente attraente l'impiego di fiale in vetro per uso chimico/farmaceutico: si raccomanda di impiegare esclusivamente fiale in vetro Borosilicato (tipo Pyrex®) resistenti al calore. Non impiegare assolutamente vetro normale perché, non sopportando gli sbalzi di temperatura, presenta il rischio di frammentazione.
Fiale in vetro resistenti al calore si trovano presso i rivenditori di materiali per analisi chimiche e farmaceutiche: alcuni di questi negozi dispongono anche di un piccolo laboratorio/soffieria per la lavorazione su misura delle fiale a partire dai tubi di varie misure.
Il tubo in vetro può essere tagliato/rifilato delicatamente con lime o con dischi diamantati a grana fine.
È consigliabile realizzare le flangiature in metallo su cui le fiale verranno montate dopo l'acquisto delle stesse, in quanto le tolleranze sui diametri dei particolari in vetro possono variare sensibilmente. È opportuno lasciare sempre alcuni decimi di gioco e fermare le fiale con anelli di tenuta tipo OR, oppure con le apposite paste al silicone usate per le guarnizioni, in modo da accomodare eventuali dilatazioni termiche
Le fiale in vetro consentono una costruzione "trasparente" nel vero senso della parola e permettono di realizzare dei modellini particolarmente accattivanti, in cui tutti gli organi meccanici interni risultano in vista.

Il vetro però non è un buon conduttore di calore, quindi per i motori più grandi, o per modellini destinati a fornire prestazioni più elevate lo scambio termico potrebbe non essere sufficiente: in questo caso è opportuno realizzare la testa calda del motore in acciaio inossidabile (serie AISI 300), partendo da un pezzo pieno, oppure composto in più pezzi saldati tra loro con metodo TIG. Si sconsiglia di brasare i componenti con leghe di rame, perché l'alta temperatura e i prodotti di combustione dell'alcool provocano un precoce deterioramento per ossidazione.
L'acciaio inox presenta una migliore resistenza al calore, una buona trasmissione del calore nella zona a diretto contatto della fiamma e una limitata diffusività, che consente di mantenere la differenza di temperatura tra lo scambiatore caldo e quello freddo. È consigliabile evitare di realizzare teste calde troppo massicce, in quanto risulterebbero difficili da riscaldare per la grande inerzia termica. Inoltre in virtù del maggiore spessore, il calore potrebbe diffondere meglio lungo il cilindro, che perderebbe quindi la funzione di rigeneratore.
Per uso modellistico senza pressurizzazione, l'estremità della testa calda può essere mantenuta piana anziché emisferica, in modo da semplificare la lavorazione anche del dislocatore.
La porzione in contatto con la fiamma deve presentare il minimo spessore possibile (0,4 - 0,5 mm massimo) per permettere uno scambio termico ottimale.
L'impiego di una testa calda in acciaio inossidabile risulta ovviamente indispensabile nel caso si intenda realizzare un motore di dimensioni medio grandi, in quanto i tubi in vetro hanno spessori elevati e proporzionali ai rispettivi diametri e pertanto non risulterebbero adatti ad ottenere un corretto scambio termico.

Scambiatore Freddo

Anche in questo caso, nei motori più performanti si costruiscono scambiatori a fascio tubiero raffreddati ad acqua: in ambito modellistico sarà sufficiente realizzare una porzione del cilindro del dislocatore con una barra di alluminio o ottone, eventualmente alettata con delle gole sulla superficie esterna. Per migliorare ulteriormente le prestazioni, si può sostituire l'alettatura con una camicia d'acqua collegata ad un circuito di raffreddamento a circolazione naturale.

Dislocatore

Il pistone dislocatore ha il compito di muovere l'aria da una estremità all'altra occupandone il volume, pertanto deve essere isolante e leggero al

tempo stesso: può essere realizzato in vetro, con procedimento analogo a quello descritto per l'hot-cap, oppure in acciaio inox; non potendo fare altrimenti, si può impiegare anche l'alluminio. In questo caso, lo spessore della parete deve essere ridotto al minimo: con un po' di fortuna però si possono trovare tubetti per medicinali oppure per sigari o cosmetici con dimensioni e forme già adatte allo scopo.
Va comunque sottolineato che il dislocatore in alluminio non è la soluzione migliore, in quanto essendo un buon conduttore di calore, tende a riscaldarsi uniformemente e a fungere da ponte termico annullando la differenza di temperatura tra la parte calda e la parte fredda, necessaria al corretto funzionamento del motore. Anche questo componente andrebbe costruito in acciaio inossidabile, con spessori di pochi decimi di millimetro e rinforzato internamente con dei dischi, in modo da evitare lo schiacciamento dovuto alla pressione, soluzione che purtroppo non è facilmente realizzabile a livello hobbistico con comuni attrezzature.
Nella costruzione e nel successivo montaggio del motore, controllare che il pistone dislocatore sia libero di compiere l'intera corsa utile. Per ridurre lo spazio morto, dal lato caldo la testa del dislocatore deve arrivare quasi contro la testata dell'hot-cap: è opportuno lasciare 2-3 mm al massimo di spazio per compensare eventuali giochi e dilatazioni termiche.
L'estremità dal lato dello scambiatore freddo è meno critica, è comunque buona norma ridurre sempre al minimo gli spazi morti per limitare la quantità di gas non interessata dal ciclo termodinamico.
Poiché il pistone dislocatore è cavo, è consigliabile praticare sulla sua parete un piccolissimo foro (diametro frazioni di millimetro) in modo da permettere il riequilibrio delle pressioni interna ed esterna e scongiurarne il collasso dovuto alla differenza di pressione: il foro deve essere assolutamente microscopico, altrimenti l'intero volume interno al dislocatore diventerebbe volume nocivo, con conseguente crollo delle prestazioni del motore.

Rigeneratore

In generale in tutte le realizzazioni hobbistiche e modellistiche il rigeneratore non è strettamente necessario in quanto l'efficienza e l'economia di esercizio non rappresentano un parametro importante e quindi i benefici ottenibili con il rigeneratore non valgono la complicazione introdotta. Nella configurazione con hot-cap, l'intercapedine anulare che si forma tra dislocatore e parete del cilindro funge da rigeneratore con buona approssimazione: sia il primo motore dei fratelli Stirling che i modelli

Lehman non avevano un rigeneratore a se stante, ma sfruttavano questo effetto. Volendo inserire un setto rigeneratore in un motore di medie dimensioni si devono impiegare materiali con un elevato rapporto superficie/volume: fili e pagliette metalliche impaccate (utilizzare esclusivamente acciaio inox) oppure sferette libere o sinterizzate (per esempio i silenziatori dei cilindri pneumatici) o ancora reti metalliche molto fini impilate in strati successivi.
L'importante è ottenere un setto poroso che non occluda eccessivamente il passaggio dell'aria (limitare le perdite di carico) e sia densamente impaccato per non introdurre ulteriore volume nocivo.

Bilanciamento

Il gruppo volano e bielle va accuratamente bilanciato in modo da annullare l'effetto delle masse eccentriche che influenzano la rotazione e che possono creare notevoli vibrazioni, specialmente alle alte velocità. Il bilanciamento risulta facilitato se prima si esegue un opportuno alleggerimento di tutte le parti in movimento rotatorio o alterno: si devono eliminare il più possibile le masse superflue da manovelle, bielle, aste e leve di rinvio.
Il bilanciamento, in mancanza di una equilibratrice, è una operazione abbastanza delicata da eseguire con precisione e per approssimazioni successive: le posizioni si possono identificare applicando provvisoriamente sul volano dei piccoli pesi, fissati con adesivo, sino a trovare il bilanciamento ottimale. Un volano equilibrato non ha una posizione preferenziale in cui arrestarsi.
Se lo squilibrio è piccolo, è sufficiente eseguire sul volano alcuni fori di alleggerimento sulla fascia esterna dalla parte opposta ai pesetti applicati, asportando cioè materiale per una massa equivalente.
Se lo squilibrio è molto forte, è consigliabile sostituire i pesetti di prova con delle masse opportunamente fissate al volano con collegamento filettato.
Per i motori più grandi o dotati di una buona compressione, il bilanciamento iniziale si può fare lasciando aperto il foro di controllo della tenuta descritto in precedenza, in modo da permettere un movimento continuo e regolare del volano, senza gli impuntamenti dovuti alla compressione.
Se la procedura di equilibratura viene eseguita correttamente, il motore può superare facilmente la velocità di 1000-1200 giri al minuto senza eccessive vibrazioni.

Organi Cinematici

I perni e le boccole di snodo del cinematismo di manovella sono fonte di sensibili attriti: si consiglia pertanto di costruire le bielle in alluminio, con boccole in bronzo riportate nei fori di testa e piede.
I perni di manovella vanno realizzati con spine commerciali calibrate e temprate. Si possono fermare nelle sedi con una goccia di cianoacrilato, oppure infilando alle due estremità degli anelli elastici ricavati da uno spezzone di molla elicoidale (recuperata da penne a sfera oppure accendini) e impiegati come "mini Seeger". Nel caso si scelga di utilizzare perni filettati, avere l'accortezza di impiegare nella zona di snodo la porzione liscia e non quella filettata.

Volano

Il volano rappresenta il "serbatoio" di energia meccanica che consente al motore di compiere la fase di compressione: si consiglia di costruirlo sempre di generose dimensioni, in modo da facilitare l'avviamento e il funzionamento regolare del motore.
Come regola empirica, l'inerzia del volano deve essere tale che, ponendo in rotazione il motore a freddo con un colpetto della mano, il motore dovrebbe compiere almeno 2-3 giri completi prima di arrestarsi.

Fonte di Calore

Il metodo più semplice per apportare calore alla parte calda del modello di motore Stirling è di impiegare un piccolo bruciatore a spirito o a petrolio: può essere fatto in diversi modi, a secondo del tipo di Stirling che si intende costruire. Per motori piccoli è consigliabile utilizzare contenitori in vetro, come quelli impiegati nei profumi oppure per lo smalto da unghie.
Per ovvie ragioni di sicurezza è consigliabile che le dimensioni della riserva di combustibile non siano mai eccessive, in modo da poterli spegnere facilmente in caso di rovesciamento accidentale: a titolo esemplificativo una capacità di 10-20 cc è sufficiente per alimentare il motore per decine di minuti. Per motori di medie dimensioni è consigliabile un bruciatore realizzato in metallo (ottone oppure alluminio) possibilmente dotato di beccuccio in modo da allontanare il più possibile dalla riserva lo stoppino con la fiamma. A secondo delle proprie capacità costruttive, possono essere ricavati dal pieno per tornitura, oppure composti da pezzi saldati o brasati
Impiegare solo stoppini di fibra vegetale o in paglietta di acciaio pressata (che non si brucia quando finisce il combustibile), infilati in una boccola per evitare che si sfrangino e aventi una lunghezza tale da pescare per capillarità

sul fondo del serbatoio. Uno stoppino del diametro di 4-5 mm è sufficiente per motori piccoli, mentre per motori più grossi vanno aumentate le dimensioni, eventualmente accoppiando in parallelo più stoppini.
Il serbatoio di riserva deve essere chiuso da un tappo, ma per nessuna ragione deve essere completamente a tenuta stagna, deve sempre essere garantita la possibilità di sfogare i vapori, attraverso il condotto degli stoppini.
La lunghezza e le dimensioni dello stoppino determinano la quantità di calore somministrata al motore e di conseguenza la velocità raggiungibile a vuoto. Vanno pertanto definite per tentativi, secondo i propri desideri e le possibilità del motore: va considerato comunque che se si somministra troppo calore, tutto il motore si surriscalda e le prestazioni diminuiscono fino all'arresto.
Fissare con velcro o con un magnete oppure incastrare il serbatoio alla base di sostegno del motore, onde evitare che le vibrazioni o una incauta manipolazione lo facciano rovesciare.
Per l'alimentazione del bruciatore si consiglia di usare alcool denaturato a 94° di purezza, oppure alcool per liquori o petrolio inodore.
In alternativa, si può impiegare il petrolio di paraffina per le lampade da giardino: tuttavia la fiamma, specie se di grandi dimensioni, tende ad essere fumosa e a imbrattare le teste calde del motore.
Gli stoppini e il petrolio si trovano facilmente presso i negozi che vendono lampade ornamentali.

NON USARE ALTRI LIQUIDI INFIAMMABILI specie se molto volatili, come acetone o benzina, in quanto il contenitore tende a riscaldarsi e pertanto i gas prodotti possono innescare una combustione incontrollata o, peggio, esplodere.

Per i motori Stirling di dimensioni medio grandi occorre riscaldare considerevolmente la testa del motore, tanto che anche l'uso di 2-3 stoppini ad alcool può risultare insufficiente: è allora opportuno passare ad un bruciatore a gas, che tra le altre cose permette di impiegare il motore in posizione verticale con l'estremità calda in alto, limitando notevolmente lo scambio di calore per convezione parassita all'interno del cilindro del dislocatore; il motore così posizionato funziona molto più a lungo, in quanto lo scambiatore freddo non viene surriscaldato dai fumi.
Ottimi bruciatori possono essere recuperati dai saldatori a penna, reperibili a pochi Euro nei negozi di elettronica: è sufficiente separarli dal serbatoio e fissare gli ugelli su un tubo collettore per l'alimentazione del gas.

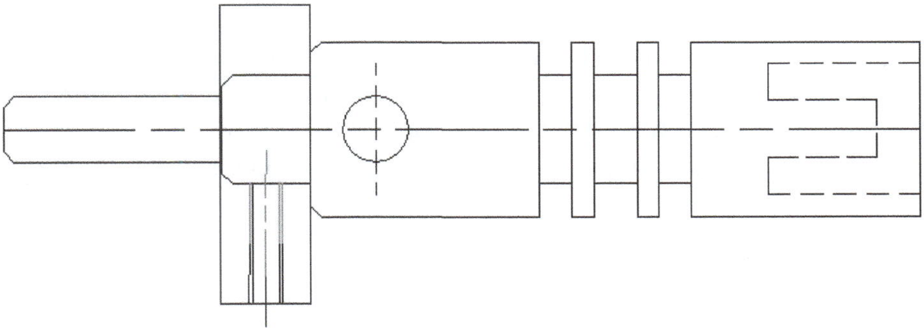

In alternativa, i bruciatori possono anche essere autocostruiti:

Fare un foro passante Ø 1,5-2 mm su uno spezzone di barra filettata M5 in ottone. Fare un foro Ø 1-1,5 mm su un dado cieco. Interporre, tra la vite e il dado, un dischetto Ø 4 mm in alluminio, ricavato per fustellatura da una lattina per bibite. Smussare la vite in modo che i tre pezzi siano perfettamente combacianti tra di loro ed a tenuta.
Con un ago o uno spillo praticare un foro di 2-3 decimi di mm sulla lamiera di alluminio per ottenere il getto.

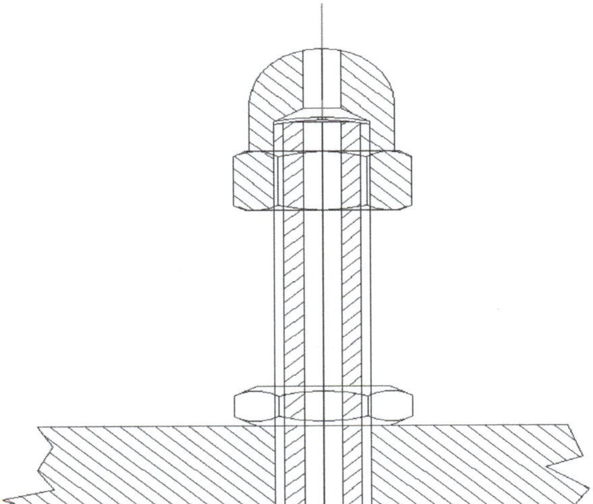

Il bruciatore / collettore si può collegare mediante un piccolo tubo in silicone al serbatoio del gas e recuperato dal saldatore a penna oppure dal rubinetto di un piccolo fornello da campeggio a bombola. È fondamentale che ci sia la possibilità di una regolazione fine della quantità di gas erogata.

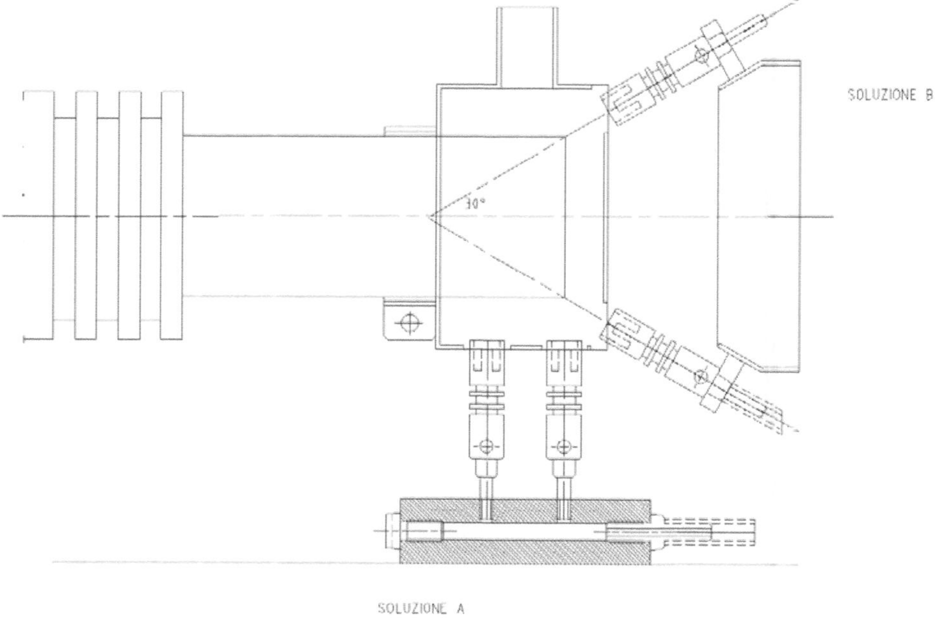

ATTENZIONE!: anche se la quantità di gas impiegata è ridotta, può comunque risultare pericolosa e provocare esplosioni; controllare sempre l'assenza di perdite e lavorare in ambienti adeguatamente ventilati

Poiché i motori Stirling funzionano con qualunque sorgente di calore, oltre che con bruciatori, è possibile impiegare altre sorgenti di calore diverse dalla combustione, per esempio il Sole (con o senza concentrazione), ma anche il calore umano o quello di una lampada da tavolo.

Contagiri

Si può facilmente equipaggiare il proprio modello con un contagiri adattando un tachimetro da bicicletta: ormai i modelli elettronici con funzioni base sono disponibili a pochi euro. All'atto del setup iniziale, basterà inserire un valore di 1666 per il perimetro della ruota, in modo da ottenere un equivalenza esatta tra i km/h segnati e i giri/minuto del motore. Disponendo di più magneti installati sui volani dei modelli, un solo contachilometri può essere impiegato per tutto il parco macchine.

Materiali di Recupero

Purtroppo acquistare ex novo tutto il materiale e le minuterie necessarie alla costruzione di un modello di motore può non essere la via più semplice, sia da un punto di vista economico che da un punto di vista della facilità di approvvigionamento: a volte reperire materiali adatti e tecnologicamente adeguati può diventare un'impresa ardua.
Occorrono infatti spezzoni molto piccoli di semilavorati in diversi materiali, possibilmente già con le misure necessarie in modo da semplificare le lavorazioni: i rivenditori specializzati forniscono invece solo grossi quantitativi in barre di lunghezza considerevole e difficilmente tagliano a misura. L'alternativa, se si hanno delle conoscenze, è quella di rivolgersi alle industrie meccaniche che li utilizzano nelle lavorazioni e chiedere di farsi tagliare a misura i quantitativi necessari. A volte spiegando il problema ed illustrando il progetto che si vuole realizzare, si suscita la loro curiosità e magari si ottiene collaborazione, se non addirittura l'offerta di aiuto per l'esecuzione di alcune lavorazioni.
Fortunatamente è possibile ricavare molti componenti da altre apparecchiature: vecchi Hard Disk, Floppy drive e lettori CD/DVD rotti sono ottime fonti per il recupero di componenti meccanici di precisione quali: microcuscinetti, aste rettificate, bronzine e alberini.
Altra ricerca si può fare (sempre previa autorizzazione) presso i centri di recupero rottami industriali: ammortizzatori, cilindri pneumatici e molle a gas sono tutte ottime sorgenti di componenti e semilavorati impiegabili per la costruzione di modellini di motore Stirling.
Anche lo smontaggio di vecchie attrezzature per ufficio, quali fotocopiatrici e stampanti, può risultare molto redditizio.
Per la minuteria, bulloneria e trafilati sino al Ø di 10/12 mm e barre filettate conviene recarsi nei negozi specializzati per il "Fai da te" oppure per il modellismo dinamico (aeromodellismo, automodellismo ecc...)

Anche una capillare ricerca su Internet sui siti che vendono componentistica per corrispondenza, ditte che vendono materiale elettronico e surplus, spesso si trovano anche componenti e particolari meccanici. In particolare in Germania, dove questo tipo di Hobby è molto diffuso, si trova facilmente tutto il necessario, compresi interi kit di montaggio con tutti i semilavorati pronti per la finitura e l'assemblaggio.

Utensili e Attrezzature

Se si sceglie di realizzare il pistone di compressione con uno dei metodi precedentemente descritti e che non necessitano di macchine utensili, la dotazione base di utensili necessaria per costruire un motore Stirling si riduce molto: comprende essenzialmente una buona dotazione di lime, una sega da metallo, trapano e carta abrasiva di varia grana.
Tuttavia una minima dotazione di utensili a motore semplifica molte operazioni e permette un notevole risparmio di tempo e fatica.

Elettroutensili

Per piccole lavorazioni, si consiglia l'utilizzo di elettroutensili con motore a 30.000 giri al minuto: sono reperibili in kit completi di molti accessori, con prezzi estremamente variabili a seconda di marca e dotazione.
Evitare di acquistare i modelli a batteria in quanto la durata nel tempo è limitata e sono sempre scarichi al momento del bisogno.
La vasta gamma di accessori disponibili copre qualunque esigenza: punte da trapano, frese e mole, dischi da taglio e abrasivi, punte e lame diamantate per la lavorazione del vetro. Tuttavia l'impiego a mano libera non è consigliabile anche solo per la scarsa precisione ottenibile: per eseguire fori di piccolo diametro è indispensabile l'utilizzo della colonna di sostegno, pena la rottura immediata della punta.
La stessa colonna, abbinata ai dischi abrasivi e a una morsa di serraggio permette l'esecuzione di tagli o piccole fresature spostando a mano il particolare da lavorare serrato in una morsa appoggiata a sua volta ad un listello di riscontro

Trapano a Colonna

Il trapano a colonna risulta assolutamente necessario per l'esecuzione di fori ortogonali e precisi, nonché per le alesature. Con un buon trapano è possibile costruire in metallo anche il cilindro di un piccolo motore Stirling.
Se equipaggiato con una buona morsa portapezzo, può anche essere impiegato per l'esecuzione di piccole fresature su metalli teneri come ottone e alluminio.

Piccoli pezzi cilindrici possono essere lappati afferrandoli nelle griffe del mandrino e impiegando poi, con delicatezza, dei tamponi in legno rivestiti di carta abrasiva o spugne/gomme abrasive per la lucidatura delle superfici laterali del pezzo.

Tornio

Per la costruzione di un motore completo di medio e grande alesaggio, nonché per ottenere tolleranze migliori, avere la disponibilità di un piccolo tornio risulta indispensabile.

Si può ovviare con l'aiuto di amici, conoscenti oppure piccoli artigiani disposti a collaborare: in quest'ultimo caso il consiglio è quello di valutare sempre prima i tempi di consegna e i costi della lavorazione.

Una alternativa casalinga, utile per piccole lavorazioni di componenti in legno, plastica o leghe di alluminio e ottone può essere costruita a partire da un trapano elettrico e alcune tavole di legno compensato di buono spessore (10-20 mm), se il trapano dispone di selettore della velocità di rotazione, impiegare la più bassa disponibile. Come si può vedere nella fotografia, occorre innanzi tutto realizzare un morsetto in legno che permetta un saldo fissaggio del trapano alla base del "tornietto".

Una seconda tavoletta in legno sagomata a squadro e forata in asse con il mandrino, servirà come contropunta per sostenere all'altra estremità i pezzi in lavorazione. Per sostenere i pezzi privi di alberino sporgente si può inserire nel foro un vite avente un'estremità appuntita con un angolo di 60°.
È importante che i pezzi siano sempre saldamente infulcrati tra mandrino e contropunta, meglio ancora con un asse passante. Non lavorare mai pezzi montati a sbalzo, afferrati solo tra le griffe del mandrino.
Un listello in legno, con altezza pari all'asse del mandrino servirà poi come appoggio per gli utensili di lavorazione. Tutti i pezzi vanno imbullonati in modo da poter cambiarne facilmente la posizione e accomodare diversi diametri. Anche in questo caso, per la lavorazione impiegare solo lime o tamponi in legno con incollate strisce di tela abrasiva.

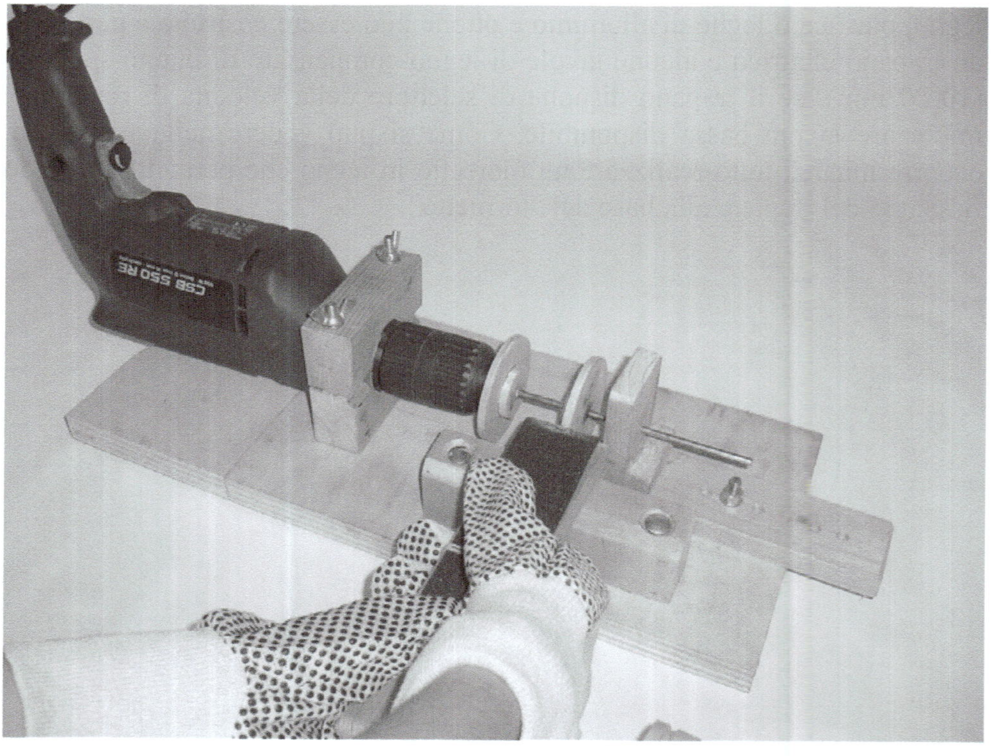

ATTENZIONE!
Questo tipo di tornio, pur risultando una soluzione provvisoria, diventa a tutti gli effetti una macchina utensile e va quindi esercitata la dovuta cautela.

ATTENZIONE!
Ogniqualvolta vengono impiegati utensili a motore, vanno applicate tutte le cautele e le procedure di sicurezza atte ad evitare eventuali infortuni, come l'uso dei dispositivi individuali di protezione (occhiali, guanti, mascherina). È inoltre indispensabile che vengano utilizzati solo da persone adulte aventi già un'adeguata esperienza e consapevoli dei rischi.

Regole Empiriche

È sempre bene iniziare a muovere i primi passi nella costruzione di modelli di motori partendo da progetti collaudati, in modo da ridurre al minimo le possibilità di insuccesso e nel contempo prendere confidenza con le lavorazioni, gli assemblaggi e le precisioni/tolleranze richieste.
Nel caso ci si voglia avventurare nella progettazione e costruzione di un motore ex novo, esistono alcune regole empiriche che è bene seguire nello stabilire le misure principali degli organi della macchina.

Come linee guida di prima approssimazione, nella figura seguente sono riportate le misure caratteristiche principali di un piccolo motore Stirling: i rapporti suggeriti riguardano solo il dimensionamento della parte a contatto con il gas di lavoro, si è volutamente trascurato il cinematismo di trascinamento dei pistoni e dell'albero motore in quanto le possibili configurazioni sono quasi infinite e limitate solo dalla fantasia del costruttore modellista.

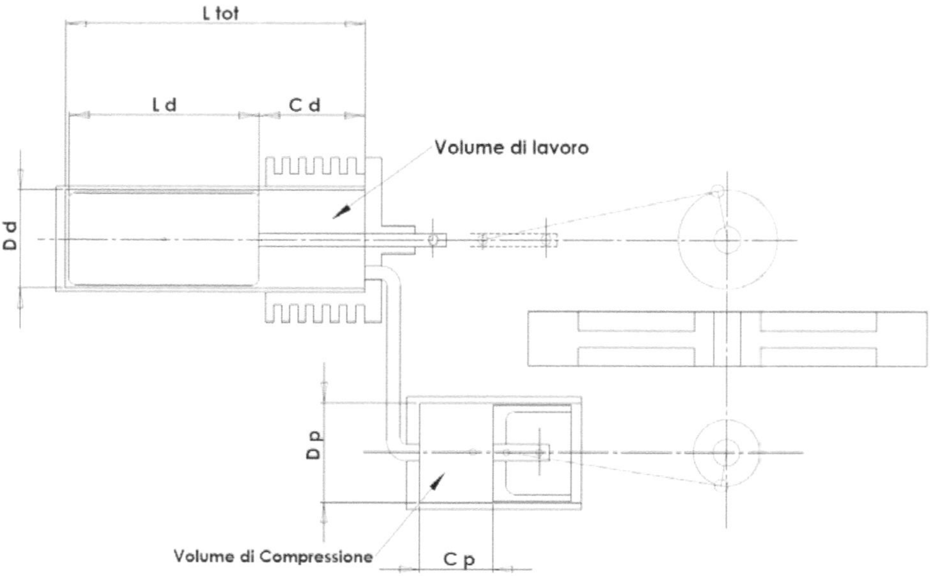

La prima considerazione riguarda le cilindrate: come già spiegato in precedenza, allo scopo di ridurre gli attriti è opportuno limitare il rapporto corsa/diametro del pistone a un valore inferiore o al massimo uguale a 1.

Fissata la cilindrata del pistone motore, identificata nel diagramma come **volume di compressione**, si scelgono corsa **Cd** e alesaggio **Dd** del pistone dislocatore in modo che il **volume di lavoro** sia pari a 1,5 - 2 volte il **volume di compressione**.
Per meglio separare l'ambiente ad alta temperatura da quello a bassa temperatura, è consigliabile che il pistone dislocatore abbia una lunghezza **Ld** pari ad almeno 2 - 3 volte il diametro **Dd**.
Di conseguenza il cilindro del dislocatore risulterà avere una lunghezza **Ltot** pari a 3-4 volte il diametro **Dd**.
Allo scopo di ridurre il più possibile il trasferimento termico per conduzione, per la testa calda ed il pistone dislocatore è importante scegliere materiali che conducano il calore il meno possibile: il più indicato risulta essere l'acciaio inox, nel caso risulti difficile da trovare o da lavorare, per il pistone dislocatore è accettabile usare l'alluminio, purché lo spessore della parete sia mantenuto il più sottile possibile. L'alluminio e le leghe di rame (bronzo e ottone) sono invece i materiali più adatti per realizzare la porzione alettata di raffreddamento (scambiatore freddo).
Nel realizzare l'accoppiamento testa calda pistone dislocatore è particolarmente importante calcolare i diametri in modo che il gioco radiale sia compreso tra il 4 e il 5 % del diametro nominale: in questo tipo di motori è proprio lo spazio anulare a fungere da rigeneratore. Poiché l'aria deve trafilare in questo meato per passare dall'estremità calda a quella fredda e viceversa, un gioco troppo piccolo causerebbe eccessive perdite viscose, mentre un gioco eccessivo aumenterebbe il volume nocivo e in entrambi i casi il motore non funzionerebbe.
È bene ricordare che le regole esposte valgono solo per motori di dimensioni modellistiche, con un diametro dei pistoni inferiore ai 40-50mm e funzionanti con un riscaldamento a fiamma: motori di alesaggio più elevato necessitano di particolari accorgimenti o di scambiatori di calore separati in quanto il rapporto superficie/volume del cilindro cala al crescere del diametro e il calore che giungerebbe all'aria contenuta nell'hot-cap sarebbe insufficiente al funzionamento del motore.
Nel caso si volesse far funzionare il motore a temperature inferiori, si deve abbassare il rapporto di compressione, aumentando il volume di lavoro a parità di volume di compressione:

- il rapporto di 1,5 - 2 indicato precedentemente è utile per motori veloci e con elevata temperatura della parte calda (centinaia di °C)
- rapporti più grandi, fino a 10, sono da preferirsi per motori lenti funzionanti a temperature più basse (decine di °C)

Proporzionamento di un Cinematismo Rombico

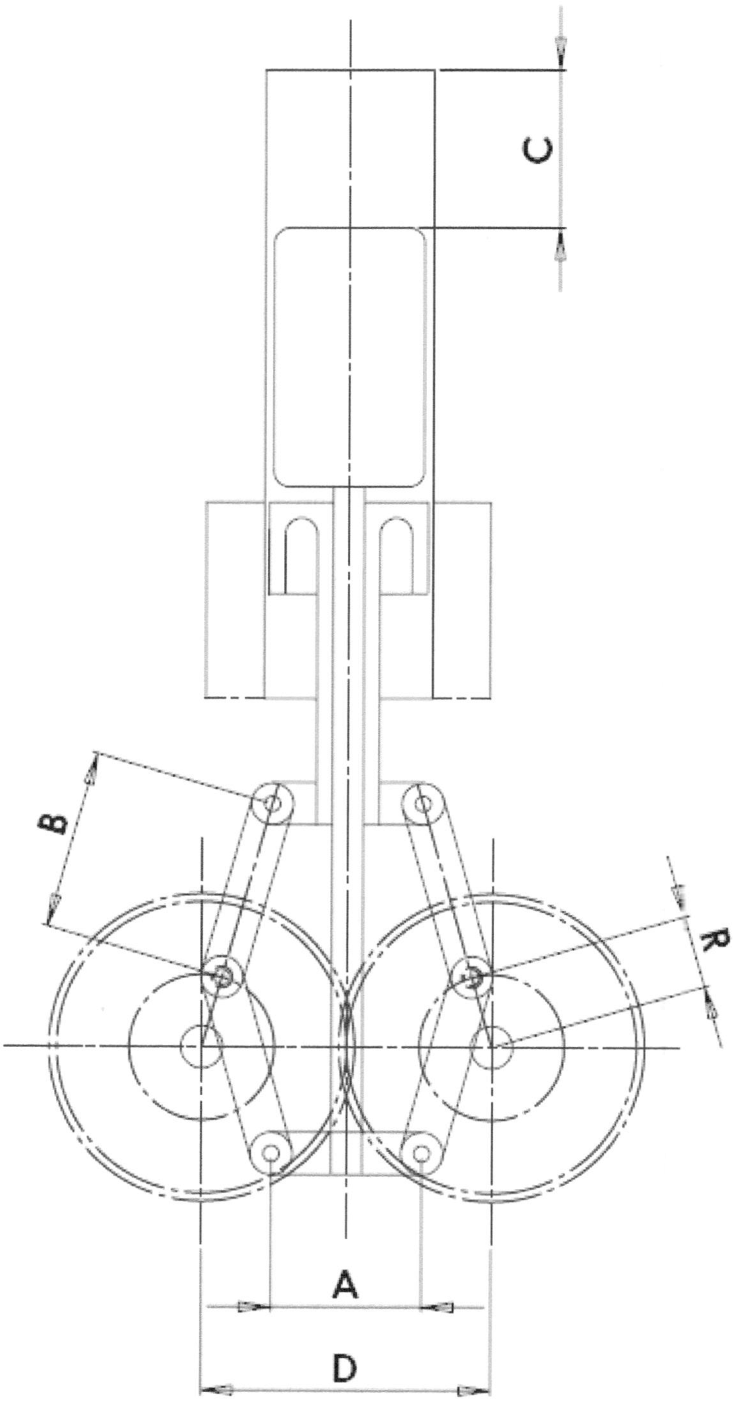

I rapporti costruttivi del cinematismo rombico sono tutti riferiti all'interasse tra la coppia di ingranaggi di base:

Simbolo	Descrizione	Legame
D	Diametro primitivo ingranaggi o interasse	D
R	Raggio del perno di biella	D/4
A	Interasse dei bracci di spinta	D/1,924
B	Lunghezza bielle	D/1,6
C	Corsa del pistone e del dislocatore	D/1,83

Impiegando questa configurazione si ottiene uno sfasamento tra il moto del pistone di compressione e il dislocatore di circa 60°, valore ottimale per macchine monocilindriche.

Per il dimensionamento si può procedere in modo diretto, con interasse imposto, cioè in base alla coppia di ingranaggi che si hanno a disposizione; oppure partendo dalla corsa che si vuole ottenere e ricavando a ritroso l'interasse e quindi il diametro primitivo delle ruote dentate occorrenti.

Motore Stirling Didattico

Si tratta di un modello molto semplificato, facilmente realizzabile anche senza l'ausilio di utensili particolari: tutte le misure si intendono in mm:

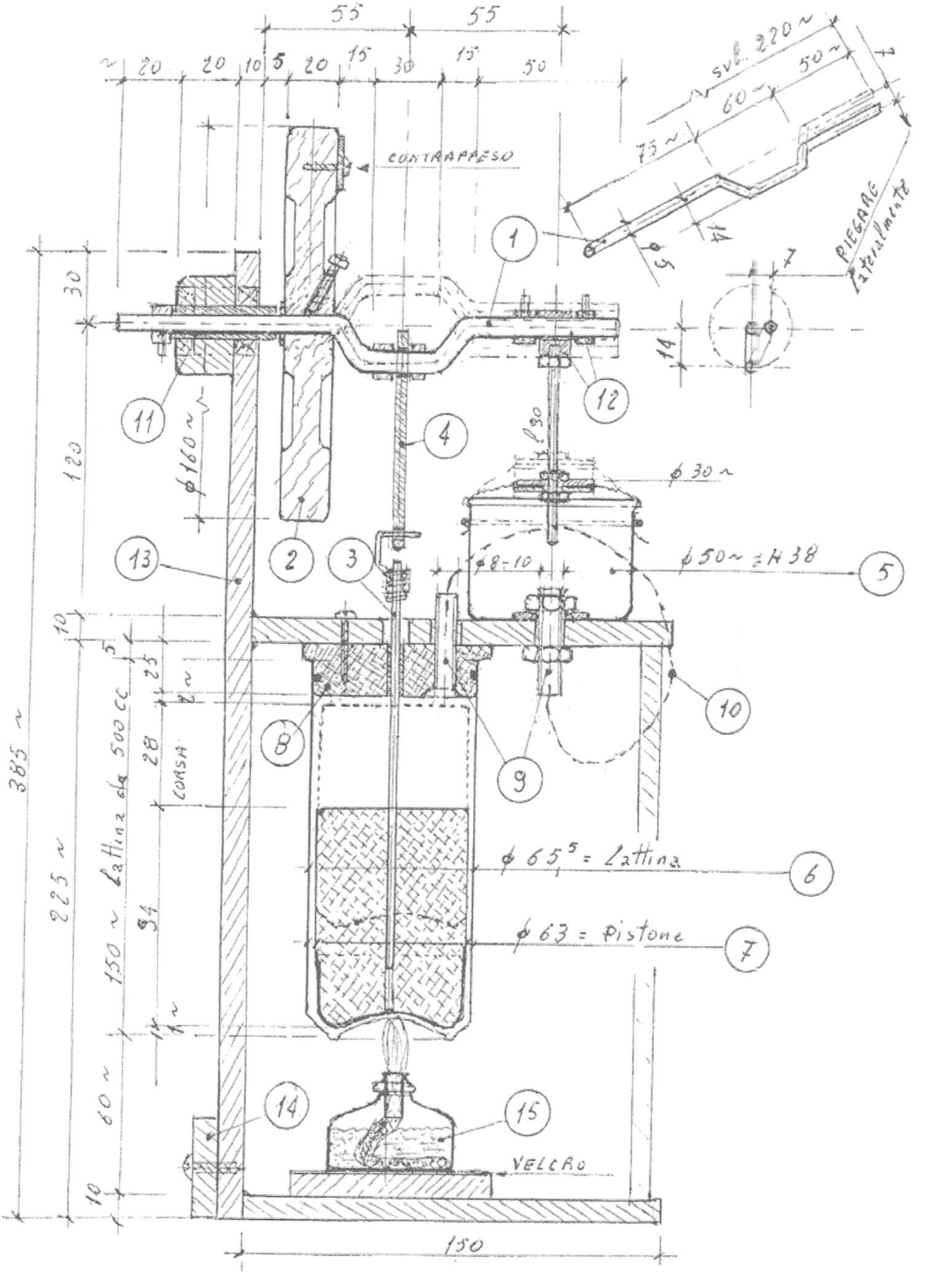

Istruzioni per il montaggio

ALBERO A GOMITI [1]
(trafilato in ferro Ø 5).
Piegare il trafilato con l'aiuto di una morsa e di un pezzo di tubo (con foro di Ø 6 ed usato come leva). Dopo aver eseguito il doppio S con i due tratti perfettamente allineati, occorre piegarne uno lateralmente, in modo da creare un doppio albero a gomito con movimento sfasato di 90° e manovelle rispettivamente di 14 e 7, per una corsa di circa 28 e 14. Se si ha a disposizione un saldatore, si può facilitare la piegatura intaccando la barra in corrispondenza delle pieghe sino a metà diametro e brasando poi le due superfici di taglio dopo la sagomatura.
Appoggiando l'albero a gomiti su un piano ed infilando sotto le pieghe delle manovelle degli spessori opportuni (14 e 7 mm) si può verificare l'allineamento dell'albero. Le misure indicate non sono critiche e possono essere variate leggermente

VOLANO [2]
(Legno multistrato o similare, spessore 20mm x Ø 160mm)
Il foro centrale Ø 5 deve essere ortogonale alla base del disco. Un eventuale squilibrio iniziale del volano non è importante, in quanto i gruppi volano - albero a gomiti e bielle - dislocatore andranno successivamente bilanciati, impiegando una rondella di contrappeso opportuna.
Fare un ulteriore foro Ø 3 radiale per il bloccaggio del volano sull'albero con una vite autofilettante
E' consigliabile alleggerire la fascia intermedia del volano, praticando 6-8 fori Ø 20 equi spaziati su una circonferenza di Ø 80

ASTA DEL DISLOCATORE [3]
(In ferro Ø 4 oppure tubo ottone Ø 4 x lunghezza 100)
Attacco per asta dislocatore ricavato da una molletta da bucato opportunamente piegata ed allineata con il perno. La molletta deve stringere leggermente sul perno. Con movimento rotatorio, "avvitandola" oppure "svitandola", si può regolare la posizione di fine corsa del pistone dislocatore

BIELLA [4]
(Ritaglio in legno o plastica rigida spessore 4-5 mm, lunghezza 80, larghezza 20 Praticare due fori Ø 5 e Ø 2 con un interasse di 70 mm. Sagomare il contorno in modo da alleggerirla.

CILINDRO DI LAVORO [5]
(Lattina in alluminio circa Ø 50 x altezza 40 (fonte: scatolette da 70gr di carne o alimenti per animali). Praticare un foro Ø 8-10 centrato sul fondo

PISTONE A MEMBRANA [5]
Ritagliare la membrana da un guanto in gomma vinilica (non lattice)
Supporti membrana: 2 rondelle in plastica rigida Ø 30-35, spessore 2-3mm con foro centrale Ø 4.
Perno ricavato da barra filettata M4.
Assemblare il tutto come da disegno, frapponendo la membrana tra le due rondelle e serrando il tutto con i dadi e la barra filettata.
Montare la membrana sul cilindro di lavoro senza tenderla eccessivamente, in modo che il movimento assiale non risulti impedito. Fissarla in posizione con elastici o con fascette da elettricista, sigillando con un velo di silicone in modo da evitare trafilamenti nelle pieghe della gomma.

TESTA CALDA [6]
(Cilindro del dislocatore): realizzarlo a partire da una lattina da bibita o birra in alluminio da 500 cc: la marca non è importante, hanno tutte le stesse dimensioni. Asportare con le forbici la parte superiore (dove c'è la linguetta): effettuare un taglio il più possibile pulito e in squadro rispetto all'asse della lattina, evitando di ammaccare la superficie laterale.
ATTENZIONE!: Lavorare con i guanti in quanto i bordi sono molto taglienti: terminato il lavoro smussare il tutto con carta vetrata.
Ancorare la lattina al telaio con due o tre tiranti ricavati da dei raggi da bicicletta e aventi una estremità piegata a gancio.

TAPPO [8]
(In plastica oppure legno Ø 70 lunghezza 25 mm)
Il pezzo va ridotto a Ø 65,5 per una lunghezza di circa 20mm praticando poi un foro Ø 5 perfettamente centrato.
Successivamente nel foro va infilato uno spezzone di tubo in ottone Ø esterno 5, foro interno Ø 4. Sopra vanno tracciati con raggio 20, n° 3 fori ciechi Ø 2.5 per il fissaggio al telaio con viti autofilettanti.

PISTONE DISLOCATORE [7]
Può essere realizzato in diversi modi purché la parte abbia un peso finale di Max 30-40 g e un diametro di 62-63 mm: il corpo deve essere il più possibile cilindrico in modo da evitare strisciamento con le pareti della testa calda.

1° SOLUZIONE: Cercare una lattina in alluminio (non da bibita) che abbia un diametro inferiore di 2-2,5 mm in meno del diametro interno della testa calda: per evitare sospetti, aggirandosi per il centro commerciale armati di calibro, potete controllare le misure delle lattine con una striscia di carta lunga 197.9mm (circonferenza = 63x3,1416).
Si trovano facilmente delle lattine per bombolette spray, ma del Ø 58-60. In tale caso occorre tagliare prima la lattina all'altezza di mm95 dal fondo. Successivamente va allargata, almeno per metà altezza, al Ø 63 mm. Questa operazione si ottiene martellando leggermente e ripetutamente, con rotazione continua, l'esterno della lattina sino a raggiungere il diametro voluto (controllato con la striscia di carta). Internamente va messo un contrasto in ferro Ø30-40 da usare come penna d'incudine

2° SOLUZIONE: Tagliare longitudinalmente con un seghetto una lattina standard sovrapponendo i bordi in modo da ottenere il Ø 63. Sul fondo vanno fatte prima 3 tagli radiali per poterlo deformare. Incollare le giunzioni con colla epossidica a due componenti, oppure con silicone. L'oggetto deve ritornare possibilmente con una forma cilindrica. La costruzione si semplifica se prima si incollano due dischi in legno di Balsa Ø 63 sul perno centrale, successivamente incollare la lattina sui dischi e incollarla fermando provvisoriamente con elastici.

3° SOLUZIONE: Recuperare da dei pannelli usati in edilizia (pareti d'isolamento contro il fuoco) il materiale interno spugnoso. Non usare polistirolo/poliestere poiché non resisterebbe al calore. Incollare il perno centrale e ridurre il blocco con lima e carta vetrata, o per tornitura al Ø 63. In ogni caso sulla porzione inferiore va incollata una lattina Ø 60 con funzione di scudo termico, in quanto nel funzionamento la temperatura dell'aria interna supera i 150°C. Questa è la soluzione più veloce da realizzare, ma è poco affidabile: se il motore si surriscalda, il pistone si deforma.

RACCORDI TUBO [9]
In alluminio o plastica aventi Ø interno 8-10 mm e lunghezza 40 mm.
L'attacco sul cilindro del dislocatore può essere incollato, mentre quello sul pistone a membrana è consigliabile che sia filettato in modo da fungere anche da fissaggio per il cilindro della membrana.

COLLEGAMENTO TRA I DUE CILINDRI [10]
Impiegare un tubo in plastica flessibile PVC oppure silicone con Ø 8-10-mm avente una lunghezza di 150 mm.

SOSTEGNO ALBERO MOTORE [11]
L'albero a gomiti è montato a sbalzo, ove esso si infulcra sulla tavoletta verticale, occorre inserire una bronzina ottenuta da tubo di ottone con foro Ø 5mm avente una lunghezza di 30mm, incollata alla tavoletta con un ulteriore rinforzo in legno in modo da risultare sostenuta per tutta la lunghezza.
Se se ne ha la possibilità, è consigliabile sostituire la bronzina con una coppia di cuscinetti a sfere adatti.

BOCCOLE D'ARRESTO E PIEDE DI BIELLA [12]
Ottenute da morsetti terminali per cavi elettrici sezione 6 mm^2 cui è stato preventivamente asportato l'isolamento La posizione delle rondelle va determinata per tentativi durante il montaggio finale.

STELO DEL PISTONE [12]
Ottenuto da una barra filettata M4 oppure M5, secondo il filetto del morsetto, lunghezza 90-95 mm.

BASE IN LEGNO [13-14]
Ottenuti da tavoletta in legno multistrato spessore 10mm
Ritagliare con un seghetto i pezzi aventi le misure indicate.
Eseguire prima i vari fori necessari al montaggio, poi incollare il tutto con vinavil o altra colla da legno. Eventualmente verniciare con smalto trasparente oppure colorato a piacimento.

LISTELLO TRASVERSALE lunghezza 150 mm circa: necessario per aumentare la stabilità del basamento.

BRUCIATORE DI RISCALDAMENTO [15]
Impiegare un lumino o una candela da tè, evitare che la fiamma venga a contatto della testa calda, per non sporcarla di nerofumo.
In alternativa si può utilizzare un bruciatore ad alcool o olio di paraffina: procurarsi una bottiglietta in vetro molto piccola (es. smalto per unghie o profumo da 10cc). Tagliare un pezzo di tubo di ottone con foro Ø 4-5mm ed allargare ad imbuto una estremità in modo che non cada all'interno della bottiglietta, infilare nel tubo uno stoppino in cotone lungo 5-10cm lasciandolo sporgere per 5-6mm. Il tubo **NON** deve stringere, per permettere

l'uscita di eventuali vapori. Un bruciatore adatto può essere trovato già pronto nei negozi specializzati per lampade a petrolio/paraffina.

Istruzioni di funzionamento

Montare completamente il motore, controllando che tutti gli accoppiamenti siano liberi e non stringano nelle rispettive sedi. Lubrificare leggermente. Dando un colpetto al volano, il motore, a freddo, deve compiere almeno 2-3 giri completi, senza quindi presentare attriti particolari.

Usando il tubo di collegamento tra i due pistoni, soffiare alternativamente negli stessi: non devono esserci evidenti perdite d'aria nelle due camere.
Le perdite compromettono drasticamente il funzionamento del motore

Accendere il bruciatore ed attendere 1-2 minuti in modo che la testa calda raggiunga la temperatura di funzionamento.

Il motore ha un unico senso di marcia, stabilito dalla piegatura dell'albero a gomiti: dare un colpetto al volano. Il motore parte prima lentamente, poi aumenta progressivamente la velocità, sino a raggiungere normalmente i 200-300 giri al minuto

Questo motore non è concepito per funzionare in continuazione per periodi di tempo molto lunghi.

Lubrificare periodicamente gli snodi e le boccole impiegando solo olio molto fluido, oppure petrolio di paraffina

ATTENZIONE!
L'alcool è facilmente infiammabile
Non usare benzina od altri liquidi volatili per il bruciatore
Non lasciare surriscaldare la bottiglietta del bruciatore o il motore
Spegnere subito, se i vapori si incendiano.
Non usare bottigliette eccessivamente grandi o oltremodo piene.
Non lasciare il bruciatore acceso incustodito ed incontrollato
Fissare il bruciatore alla base con velcro o mastice, per evitare che le vibrazioni lo facciano cadere e rovesciare.
Durante il funzionamento non toccare la lattina e il bruciatore: **scottano.**

Convertitori Termoacustici

In questo capitolo verrà presentata la realizzazione dei due modelli dimostrativi termoacustici: il primo è un semplice convertitore termoacustico, il secondo è una possibile soluzione che incorpora un trasduttore piezoelettrico per testare la possibilità di produrre direttamente elettricità.
Entrambi non hanno la pretesa di essere nulla più che delle "proof of concept" utili per familiarizzare con gli effetti termoacustici e le problematiche connesse con la realizzazione ed il funzionamento dei convertitori termoacustici.
In entrambi i casi si è cercato di sviluppare prototipi che fossero affidabili nel funzionamento, facilmente trasportabili ed operabili, con una costruzione il più possibile lineare e "trasparente" per meglio mettere in luce l'interazione delle varie componenti durante il funzionamento.
I due prototipi dimostrativi presentano molte caratteristiche costruttive comuni; nella scelta dei materiali e delle soluzioni tecnologiche si è tenuto conto della facilità di reperibilità dei materiali e di lavorazione degli stessi.
Per la cavità acustica si è scelto di impiegare un risonatore a quarto d'onda operante a pressione atmosferica: in questo modo è possibile realizzare una costruzione completamente "aperta" senza problemi di tenute o pericoli di scoppio.

Convertitore Termo-Acustico: MK1

Per rendere il funzionamento del prototipo trasparente nel vero senso della parola, l'intero risonatore è stato realizzato in vetro, impiegando provette da laboratorio in Pyrex® calibrate con diametro esterno 20 mm e diametro interno 18 mm. Le provette sono state tagliate a lunghezza con un disco diamantato.

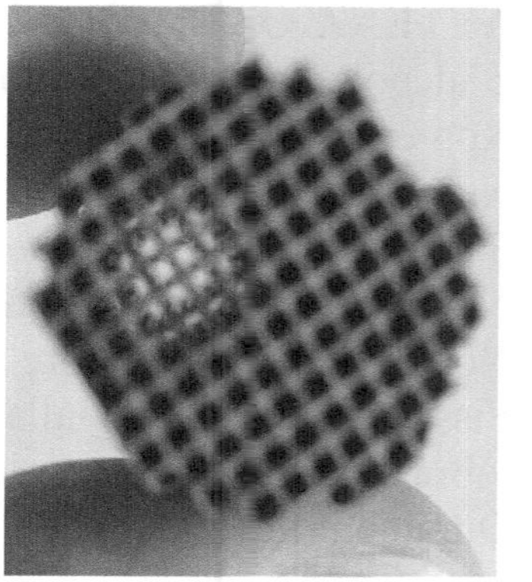

Per lo stack si è scelto di impiegare un setto ceramico proveniente da un catalizzatore, in quanto presenta una trama di canalizzazioni molto fine e regolare, unita ad un bassa conducibilità termica, un ottimo isolamento elettrico e l'ovvia resistenza ad alte temperature: è un componente molto delicato, ma data la sua fragilità è facilmente lavorabile con cutter e carta vetrata.

Tipicamente il setto ceramico reperito presenta canalizzazioni a sezione quadrata di 1 mm di lato.

Lo scambiatore caldo è stato realizzato sagomando uno spezzone di piattina di lega resistiva al nichel-cromo: la scelta di un riscaldamento resistivo permette un controllo accurato del convertitore termoacustico e rende molto facile la sua operazione. Il filamento ha una resistenza di 1,2 Ω, viene alimentato a 6 V tramite una batteria piombo acido e nel funzionamento raggiunge una temperatura di circa 900-1100°C (corrispondenti al colore rosso - arancio) con un assorbimento di circa 30 W.

È di fondamentale importanza che la resistenza elettrica sia il più possibile aderente all'estremità calda dello stack: scostamenti anche solo di alcuni millimetri possono già pregiudicare il funzionamento.

Per non complicare la costruzione si è deciso di non inserire lo scambiatore freddo, lasciando all'inerzia termica dello stack stesso il compito di raffreddare la porzione di gas oscillante all'estremo opposto dello scambiatore caldo. Dato che il prototipo dimostrativo viene fatto funzionare in modo discontinuo, la capacità termica della ceramica è più che sufficiente ad assolvere allo scopo.

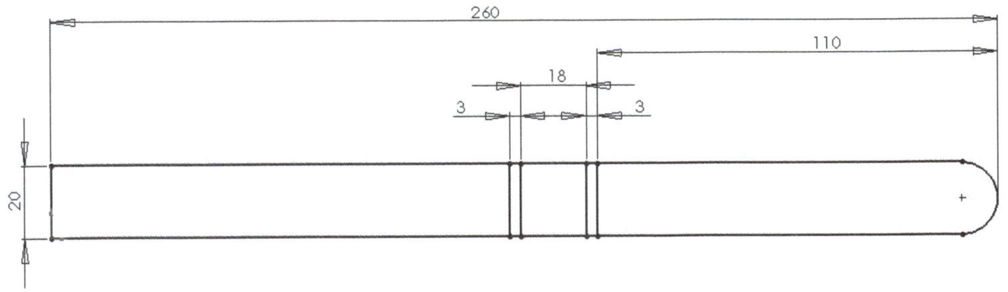

La soluzione costruttiva, unitamente al risonatore a quarto d'onda, permette di posizionare il complesso stack-riscaldatore in qualunque punto della cavità, semplicemente facendolo scorrere grazie ai terminali di collegamento uscenti dalla bocca del risonatore. Eliminando lo scambiatore freddo e impiegando uno stack più lungo del necessario l'intero apparato è per così dire "autoregolante" in quanto si adatta automaticamente alle condizioni di impedenza alle diverse posizioni lungo l'onda stazionaria.

Questa possibilità è molto interessante perché permette di osservare il comportamento del convertitore termoacustico al variare della posizione del setto nella cavità: verso il massimo rendimento, al nodo di velocità (cioè l'estremità chiusa) o verso la massima potenza specifica, al nodo di pressione (cioè a circa metà lunghezza del risonatore).

Dettaglio del gruppo stack-riscaldatore posizionato nella cavità in vetro

La lunghezza della cavità risonante non è critica, ad essa è direttamente legata la frequenza di oscillazione del convertitore secondo la formula:

$$f = \frac{c_s}{4L}$$

dove f è la frequenza in Hz, L è la lunghezza della cavità in metri e c_s è la velocità del suono in aria (circa 345 m/s)

Una volta collegata la batteria il filamento raggiunge rapidamente la temperatura di lavoro e il convertitore inizia ad oscillare subito dopo, senza incertezze fin dalla prima accensione. Spostando assialmente il gruppo stack-riscaldatore si può individuare il punto di massima potenza specifica che è posto vicino alla mezzeria della cavità (cioè a una distanza di 1/8 di lunghezza d'onda dall'estremità chiusa).

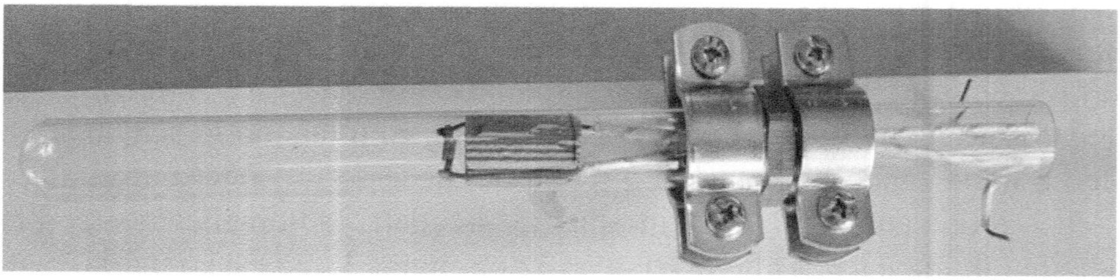

All'imboccatura della cavità (antinodo della velocità) vi è una circolazione d'aria assolutamente percepibile: se si occlude la cavità, l'oscillazione cessa e il filamento, non più raffreddato dalla generazione di potenza sonora, inizia immediatamente a surriscaldarsi, ciò testimonia il fatto che l'emissione sonora utilizza proprio il calore del filamento.

Convertitore Termo-Elettro-Acustico: MK2

In questo paragrafo si descrive la realizzazione di un generatore, unendo un trasduttore elettroacustico alla cavità risonante.

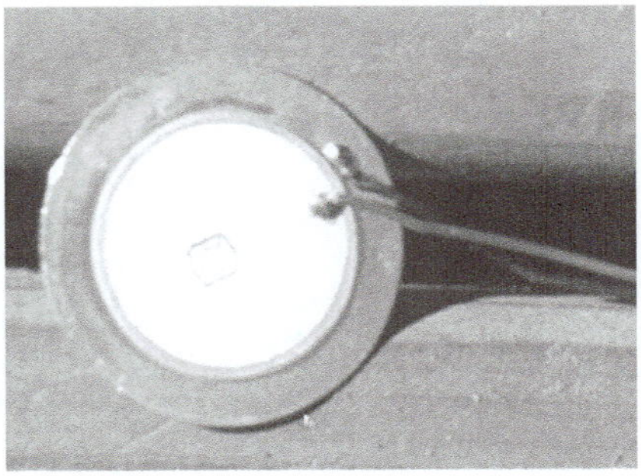

Come generatore è stato scelto un trasduttore piezoelettrico a cialda del tipo impiegato nei buzzer di allarme, poiché con la sua alta impedenza meccano-acustica (dovuta alla piccola massa e alla grande rigidezza) ben si presta ad essere accoppiato alla cavità sostituendosi al fondo chiuso del risonatore.

Inoltre, visto che il convertitore termoacustico opera a pressione atmosferica, la grande sensibilità propria dei trasduttori piezoelettrici viene in aiuto, permettendo di sfruttare con ampie oscillazioni di tensione le deboli oscillazioni di pressione (cui corrispondono piccole deformazioni della membrana piezoelettrica) proprie del prototipo di convertitore.

Caratteristiche elettriche tipiche di una cialda piezoelettrica:

Grandezza	Valore	Unità di misura
Diametro	27	[mm]
Frequenza di risonanza	4400	[Hz]
Capacità	18	[nF]
Costante di tensione piezoelettrica (materiale: PZT)	0.022	[V*m/N]

Data la frequenza propria di risonanza molto elevata, per potersi interfacciare alla cavità si può operare su due fronti:

- Si può innalzare la frequenza di lavoro del convertitore termoacustico accorciando la cavità
- Si può abbassare la frequenza di risonanza della cialda piezoelettrica "zavorrandola" con una massa inerte che controbilancia la grande rigidezza del trasduttore piezoelettrico.

Allo scopo di rettificare e rivelare la corrente generata dal trasduttore, è stata collegata tra le sue facce una coppia di led rossi in configurazione antiparallela.

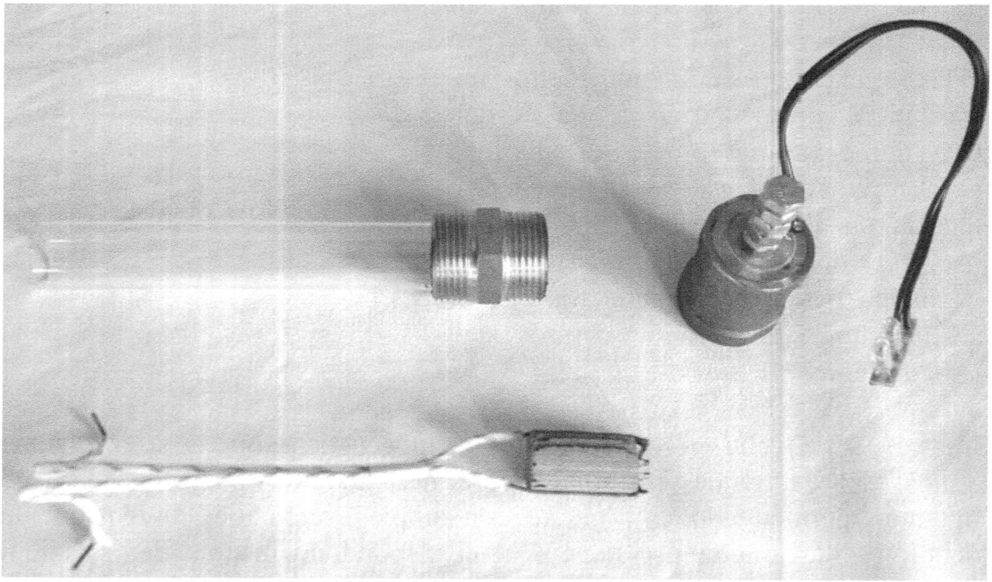

Visita d'insieme del convertitore termo-elettro-acustico disassemblato

Convertitore assemblato, particolare del fondo del risonatore

Dalle prove effettuate:

- La potenza elettrica in uscita, come atteso, è irrisoria: 2V a 3μA, meno di 6μW; tuttavia in grado di fare illuminare i led.

- Se si elimina la barra filettata con i dadi costituente la massa inerte, il trasduttore perde completamente l'accoppiamento con la cavità e non è più in grado di generare elettricità.

Motore Stirling Gamma Parallelo

Nella progettazione di questo modello proposto si è posta particolare attenzione alla facilità di lavorazione e costruzione: la configurazione "gamma" è stata scelta per la possibilità di mantenere separati i due pistoni.
Il pistone dislocatore è alloggiato in un cilindro con testa calda, il volano è nella mezzeria tra i due cilindri e il tutto è movimentato con un manovellismo di spinta semplice.
Le manovelle sono calettate sull'albero per mezzo di morsetto, in modo da permettere la variazione dell'angolo di sfasamento tra i due pistoni: lo sperimentatore potrà così osservare l'effetto sul funzionamento della macchina di un angolo di sfasamento diverso dai canonici 90°.

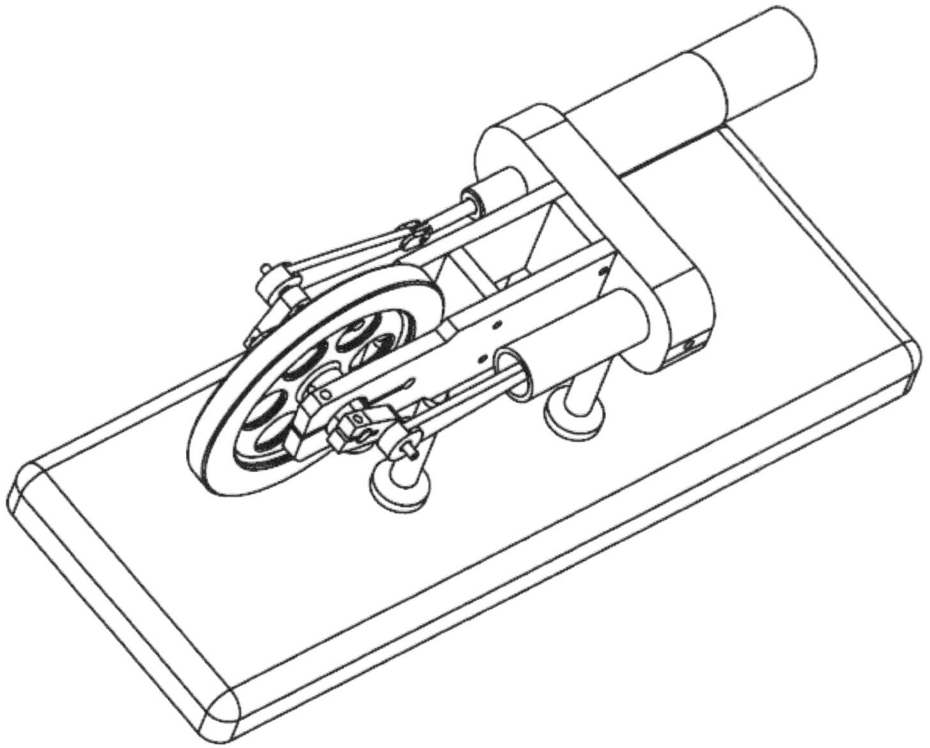

Per i disegni ed i dettagli costruttivi si rimanda alle tavole contenute nell'appendice alla fine del volume.

Galleria dei Motori

Alcuni esempi di modellini di motori Stirling realizzati da Giuliano Ascari

Motori Stirling didattici :

A sinistra con alettatura di raffreddamento
A destra con serpentina per raffreddamento a liquido

Motore tipo “Beta” con cinematismo “Bell crank”

Motore tipo “Gamma” con cinematismo “Robinson”

Motore tipo "Beta" con cinematismo "Rombico"

Dettaglio del cinematismo "Rombico"

Motore tipo “LTD” a piccola differenza di temperatura

Doppio motore tipo “LTD” a piccola differenza di temperatura

Coppia di motori a media e piccola differenza di temperatura

Varie taglie di motori in configurazione tipo "Robinson"

Convertitore termoacustico di grandi dimensioni

Vari tipi di bruciatori a spirito e bruciatore a gas con ugelli autocostruiti

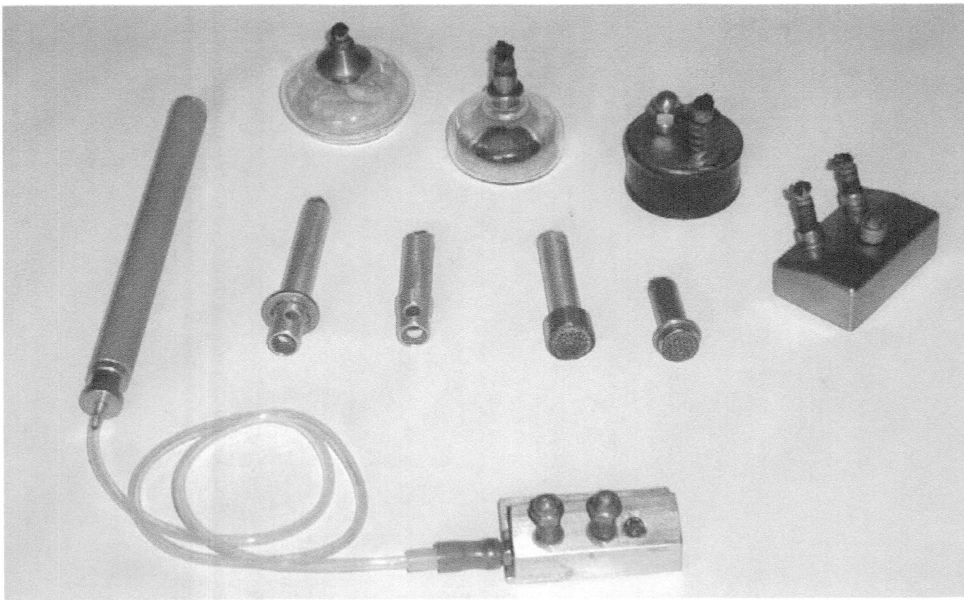

Vari bruciatori a gas con ugelli commerciali e autocostruiti

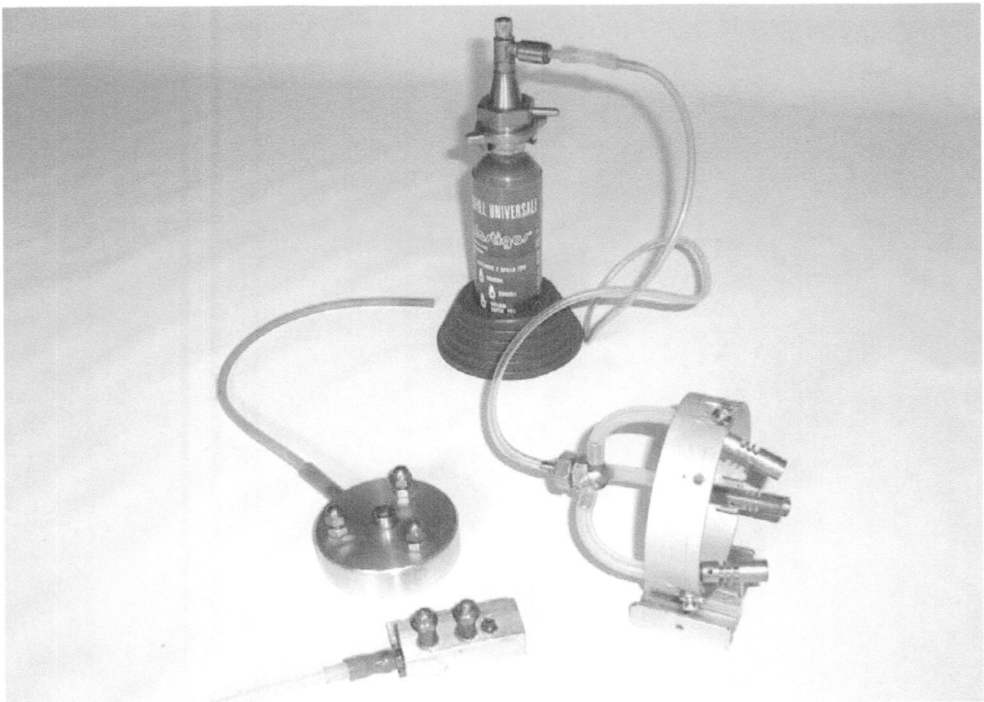

Dettaglio dei bruciatori a gas

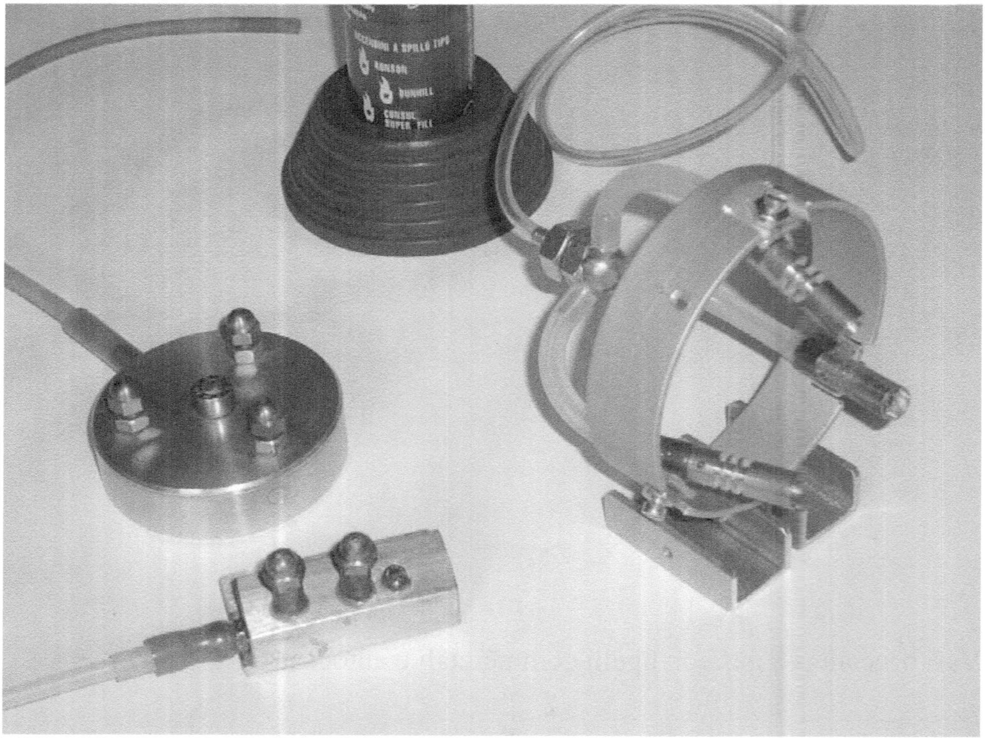

Cronologia delle Invenzioni

Per meglio comprendere la storia e lo sviluppo della macchina di Stirling è utile collocarla nel contesto storico: in questo modo diviene possibile apprezzare nel complesso le evoluzioni parallele che le varie tecnologie hanno subito col passare degli anni e le ragioni che lo hanno emarginato.
L'ideazione del motore Stirling inizia nel 1816, come ricerca di una alternativa meno pericolosa al motore a vapore.
La ricerca di motori primi con potenze specifiche e rendimenti sempre più elevati, necessari alla nascente era dell'industrializzazione, ha impegnato ricercatori e progettisti dalla prima rivoluzione industriale fino ai giorni nostri.
Per un certo periodo sia i motori a vapore che quelli Stirling hanno avuto sorti parallele: antagonisti, seppur con i loro limiti, agli emergenti motori a combustione interna a ciclo Diesel e ciclo Otto.
La facilità di costruzione, la semplicità di funzionamento e le elevate potenze specifiche ottenibili con il motore a combustione interna ridusse di molto il segmento di mercato dei motori Stirling e il successivo avvento del motore elettrico diede il definitivo colpo di grazia.
La cronologia storica che segue ha la volontà di calare meglio nel contesto storico e tecnologico lo sviluppo parallelo dei tre motori menzionati, avvenuto tra la fine del 17° e il 19° secolo.

1682 – *Denis Papin*, noto anche per la scoperta della pentola a pressione, getta le basi tecniche del motore a vapore, con il trattato:"Nuova maniera per sollevare l'acqua con la forza del fuoco".
1698 – *Thomas Savery*, dalle indicazioni di Papin costruisce la prima macchina a vapore vera e propria, utilizzata poi per pompare l'acqua dalle miniere. L'impianto è semiautomatico e sfrutta il vuoto che si crea raffreddando e facendo condensare il vapore dentro un cilindro chiuso.
1712 – *Thomas Newcomen*, automatizzando con valvole la macchina di *Savery*, realizza il primo motore a vapore in grado di produrre un movimento alternato.
1733 – *John Kay*, con la spola a navetta volante, inizia la rivoluzione nella tessitura a livello industriale.
1763 – James Watt modifica un motore di *Newcomen* trasformando il cilindro da semplice a doppio effetto e utilizzando la pressione del vapore invece del vuoto di condensazione. Con questa modifica ottiene una drastica riduzione dei consumi e una maggior potenza specifica. A Watt si deve

anche l'introduzione del regolatore centrifugo di velocità. Col suo nome si identifica attualmente l'unità di potenza del Sistema Internazionale.
Anche se coperto da brevetto, il motore fu oggetto di innumerevoli ricopiature, a ulteriore dimostrazione la sua validità progettuale.
1769 – *Nicolas Cugnot* costruisce il primo veicolo stradale a tre ruote per uso militare. Mosso da un motore a vapore, può portare quattro passeggeri e trainare pezzi d'artiglieria a 5 Km/ora. Nnecessita però di un rifornimento ogni 15 minuti.
1779 – *Samuel Crompton* perfeziona il filatoio automatico. Con questa innovazione inizia in Inghilterra la rivoluzione industriale: in pochi anni entrano in funzione circa sei milioni di filatoi automatici. In questo periodo nelle fabbriche vengono impiegati anche donne e bambini, con turni sino a 18 ore al giorno.
1786 – *John Fitch* brevetta il primo battello motorizzato usando un motore a vapore. Mosso da dei bracci a remi, effettuerà il primo trasporto fluviale di linea della storia.
1800 – *Alessandro Volta* annuncia l'invenzione della pila e viene insignito da Napoleone con la Legion d'Onore.
1800 – *William Murdok*, utilizzando il gas ricavato dal carbone coke, realizza le prime lampade per illuminare case e strade.
1804 – *Richard Trevithick* realizza il primo trasporto ferroviario di materiali e persone utilizzando un motore di Watt e rotaie dei vagoncini da miniera.
1807 – *Robert Fulton* realizza il primo sommergibile e costruisce il primo battello mosso da un motore a vapore in grado di compiere lunghe distanze.
1816 – Robert e James Stirling brevettano il primo motore ad aria calda. Sempre lo stesso anno è definito dai climatologi come la fine della " Piccola era glaciale" iniziata nel medioevo. A partire da questa data inizia il progressivo aumento della temperatura media terreste.
1824 – *Nicolas Sadi Carnot*, basandosi sulle esperienze fatte sul motore a vapore, stabilisce i principi fondamentali della termodinamica:
"*Il lavoro è sempre associato al passaggio del calore da una sorgente più calda ad una più fredda*". Principio correttamente interpretato già negli anni precedenti da James Stirling.
1825 – *George Stephenson* perfeziona la locomotiva, che si impone come mezzo pubblico. Viene realizzata la prima linea ferroviaria di 60 Km. La "Locomotion", con quattro ruote accoppiate, è in grado di trainare ad una velocità media di 20 Km/ora 35 diligenze e 6 vagoni di ferro e carbone. Lo scartamento di 1,43 m deriva da quello delle diligenze ed è tuttora in vigore in Europa.

1827 – *Marc Seguin* brevetta la caldaia a serpentina ed il tiraggio forzato: due innovazioni che migliorano sensibilmente la sicurezza ed il rendimento delle macchine a vapore.
1827 – *Benoit Fourneyron* realizza alcune turbine a vapore da 6 a 50 CV: non avranno seguito a causa della scarsa resistenza alle alte temperature e alle sollecitazioni centrifughe dei materiali di allora.
1827 – Robert e James Stirling presentano il secondo brevetto.
1829 – *Armand Fizeau* misura la velocità della luce.
1833 – Primo deragliamento di un treno della storia: due vittime.
1832 – *Michael Faraday e Joseph Henry* iniziano la progettazione dei generatori e dei motori elettrici.
1837 – *John Ericsson*, realizza la prima nave con propulsione ad elica sommersa in luogo delle ruote a pale. Visti i risultati lusinghieri, il transatlantico "Great Britain", già in costruzione, viene modificato per adattarsi alla novità. Ericsson si dedicherà anche alla progettazione dei motori Stirling a ciclo aperto, sino ad arrivare alla costruzione di una nave mossa da un motore ad aria calda da 300 CV. La scarsa resistenza dei materiali allora disponibili farà fallire l'applicazione.
1840 – Robert e James Stirling presentano il terzo brevetto
1843 – *James Prescott Joule*, determina l'equivalenza tra lavoro e calore: l'unità di misura del lavoro nel Sistema Internazionale porta il suo nome.
1851 – *Lord Kelvin*, collaborando con Joule, formula con maggiore precisione il secondo principio della termodinamica. Sua anche la determinazione dello zero assoluto a – 273°C. In suo onore l'unità di misura assoluta delle temperatura nel Sistema Internazionale porta il suo nome.
1853 – *Abraham Gesner* sviluppa un procedimento per ricavare il cherosene dalla distillazione del bitume.
1855 – *Henry Bessemer* inventa il "convertitore" che permetterà di produrre acciaio di qualità in grandi quantità, a basso costo e con migliori caratteristiche meccaniche, sempre più richieste dall'industria navale e ferroviaria che nel periodo aveva già raggiunto i 60.000 Km di binari.
1857 – *Niccolò Barsanti e Felice Matteucci* brevettano in Italia il: "Nuovo metodo di produrre forza motrice dall'esplosione di una miscela di aria e gas". Sino ad allora i tentativi erano stati fatti usando cariche di esplosivi solidi. Il motore era composto da un cilindro con ciclo a tre tempi, senza la compressione: mediante una camma venivano aperte alternativamente le valvole di carico e scarico, disponeva di accensione elettrica e raffreddamento ad acqua. Il moto era trasmesso al volano non con un manovellismo, ma mediante una cremagliera con pignone e nottolino.

1859 – *Etienne Lenoir* brevetta il medesimo principio, ottenendone il riconoscimento internazionale. La morte prematura di Barsanti interrompe le ricerche italiane.
1859 – *Edwin Drake* acquista un pozzo da dove, oltre il salgemma, usciva anche un liquido nero ed oleoso. Intuendone l'importanza commerciale inizia le prime trivellazioni petrolifere, destinate a trasformare la storia mondiale.
1861 – *Nicolas August* Otto perfeziona il motore di Barsanti e Matteucci. Nel 1876, in società con Eugen Langer e con la collaborazione di Gottlieb Daimler, ottiene il brevetto del primo motore a quattro tempi, aggiungendo il ciclo di compressione Il primo motore della potenza di 1,5 CV con accensione a tubo caldo di platino. Verrà montato nel 1885 su di un triciclo in legno. In pochi anni verranno costruiti oltre 30.000 motori con potenze sino a 600CV. Quasi contemporaneamente Karl Benz inizia la costruzione del motore a due tempi che, nel 1885, verrà montato sulla prima vettura a tre ruote prodotta in serie. Dalla collaborazione di Daimler, Maybach e Benz nascono le prime automobili che vengono prodotte con metodi artigianali: nel 1890 la produzione arriva a 350 vetture per anno.
1864 – *James Clerk Maxwell* pubblica la teoria elettromagnetica della luce.
1865 – L'aumento del numero delle diligenze a vapore provoca i primi incidenti stradali: viene imposto che le vetture non superino i 16 Km/ora e che siano precedute da un uomo a piedi con una bandiera rossa. Le leggi limiteranno per alcuni anni lo sviluppo dei nuovi mezzi di trasporto.
1879 – *Thomas Alva Edison* inventa la prima valvola termoionica.
1881 – *Albert De Dion e Georges Bouton* iniziano la produzione di autoveicoli, che nel 1899 arrivano a 22.000 esemplari.
1882 – *Werner Von Siemens* realizza il primo treno e il primo filobus con motore elettrico: a Londra e a New York entrano in funzione le prime centrali elettriche in corrente continua. Il progetto completo è di *Thomas Alva Edison*, la cui azienda produce già oltre 100.000 lampadine all'anno.
1884 – *Charles Parsons* perfeziona la prima turbina a vapore grazie ai nuovi acciai legati. Verrà montata su di una imbarcazione che raggiungerà la più alta velocità dell'epoca: 35 nodi.
1885 – Inizia la distillazione su scala industriale della benzina, che viene subito impiegata per i motori a combustione interna.
1886 – *Paul Luis Hèroult* (Francese) *e Charles Martin Hall* (Americano) sviluppano, nello stesso anno e senza conoscersi, il processo per produrre l'alluminio a basso costo con metodo elettrolitico. La loro vita sarà accomunata anche dalle stesse date di nascita e di morte
1889 – Viene eretta la Torre Eiffel: in soli 17 mesi e con oltre 5000 disegni esecutivi.

1891 – *Nikola Tesla,* il padre della corrente alternata e del campo magnetico rotante, realizza la prima centrale idroelettrica sfruttando le cascate del Niagara. In società con George Westinghouse darà inizio allo sviluppo dell'energia elettrica in corrente alternata entrando in competizione con la corrente continua di Edison: inizia la "guerra delle correnti" che ha visto vincitore il sistema polifase alternato, tuttora impiegato.
1892 – *Rudolf Diesel* cerca una soluzione al basso rendimento del motore a scoppio: finanziato dalla Krupp, nasce il motore a ciclo Diesel.
1895 – *Roentgen* scopre i raggi X.
1896 – *Bequerel* scopre la radioattività dell'Uranio.
1898 – *Robert Bosch*, inventa l'accensione a magneti e le candele per il motore a scoppio.
1899 – *Camille Jenatzy*, applicando i criteri dell'aerodinamica, supera con una vettura la velocità di 105Km/ora. Il record crea discussioni, in quanto è ottenuto con un motore elettrico alimentato da batterie.
1901 – *Guglielmo Marconi* effettua il primo collegamento radio transoceanico: il 12 dicembre trasmette da Poldu, in Cornovaglia, una "S" in alfabeto Morse che viene ricevuta a St John's, sulla costa orientale degli Stati Uniti. È la prova definitiva della possibilità di trasmissione senza fili a lunga distanza per mezzo delle onde elettromagnetiche.
1903 – *Wilbur e Orville Wright* compiono il primo volo con un aereo equipaggiato con un motore a scoppio.
1908 – *Henry Ford*, meccanico autodidatta, ottiene finanziamenti per iniziare a produrre automobili. Nel 1913, con la Ford modello "T" nasce la prima auto economica prodotta in catena di montaggio. Con un prezzo iniziale di 950 dollari, che scenderà poi a 290, raggiunge i 15 milioni di esemplari costruiti.

Come si può notare da questa breve cronologia, proprio nel diciannovesimo secolo la scienza e la tecnologia hanno compiuto dei passi da gigante, con scoperte e applicazioni che si rincorrono ad un ritmo sempre più rapido e impressionante: nessuna altra epoca ha condizionato così pesantemente la vita delle persone, anche delle epoche successive. La tecnologia ha continuato ad evolversi e a perfezionarsi fino ai nostri giorni e gli effetti sono sotto gli occhi di tutti, ciò che forse si è perso di vista sono proprio le origini: è interessante notare come scienze e macchine che hanno pesantemente caratterizzato e caratterizzano tuttora il nostro tempo, affondino le loro radici proprio nel diciannovesimo secolo.

Tavole e fattori di conversione

Tabelle di conversione

LUNGHEZZA

m = metro
in = inch -pollice
ft = foot - piede
yd = yard - iarda
n mi = miglia nautiche

Partendo da	Per ottenere				
	m	in	ft	yd	n mi
	Moltiplicare per				
m	1	39,37	3,28	1,0936	$5,4 \times 10^{-4}$
in	0,0254	1	1/12	1/36	$1,37 \times 10^{-5}$
ft	0,305	12	1	1/3	$1,65 \times 10^{-4}$
yd	0,9144	36	3	1	$4,94 \times 10^{-4}$
N mi	$1,853 \times 10^{3}$	72900	6080	20,3	1

MASSA

kg = chilogrammo
oz = ounce - oncia
lb = pound - libbra

Partendo da	Per ottenere		
	kg	oz	lb
	Moltiplicare per		
kg	1	35,2739	2,20
oz	$2,83 \times 10^{-2}$	1	$6,25 \times 10^{-2}$
lb	0,4536	16	1

TEMPERATURA

K = Kelvin
°C = gradi Celsius
°F = gradi Fahrenheit

Partendo da	Per ottenere		
	K	°C	°F
K	1	K – 273,15	1,8x (K – 459,4)
°C	°C + 273,15	1	1,8x (°C + 32)
°F	0,556x (°F + 255,3)	0,556x (°F – 17,8)	1

FORZA

N = Newton
dyn = dina
kgf = chilogrammo forza
pdl = poundal = libbra troy = 373,248 g
ozf = ounce force
lbf = pound force = libbra avoirdupois = 453,6 g

Partendo da	Per ottenere					
	N	dyn	kgf	pdl	ozf	lbf
	Moltiplicare per					
N	1	10^5	$1{,}02 \times 10^{-1}$	7,23	3,6	$2{,}25 \times 10^{-1}$
dyn	10^{-5}	1	$1{,}02 \times 10^{-6}$	$7{,}23 \times 10^{-5}$	$3{,}6 \times 10^{-5}$	$2{,}25 \times 10^{-6}$
kgf	9,81	9.81×10^5	1	$7{,}09 \times 10^{-1}$	35,26	2,2
pdl	$1{,}38 \times 10^{-1}$	$1{,}38 \times 10^{-4}$	$1{,}41 \times 10^{-2}$	1	$4{,}98 \times 10^{-1}$	$3{,}11 \times 10^{-2}$
ozf	$2{,}78 \times 10^{-1}$	$2{,}78 \times 10^{-4}$	$2{,}84 \times 10^{-2}$	2,01	1	$6{,}25 \times 10^{-2}$
lbf	4.45	$4{,}45 \times 10^5$	$4{,}5 \times 10^{-1}$	$3{,}22 \times 10^{-1}$	16	1

PRESSIONE

Pa = Pascal = N/m^2
bar = bar
Torr = mm di Hg
atm = atmosfere = Kg/cm^2
psi = pound per square inch

Partendo da	Per ottenere				
	Pa	bar	Torr	atm	psi
	Moltiplicare per				
Pa	1	1×10^{-5}	7×10^{-3}	9.87×10^{-6}	$1{,}934 \times 10^{-2}$
bar	1×10^5	1	750	0,987	14,503
Torr	$1{,}33 \times 10^2$	$1{,}33 \times 10^{-3}$	1	$1{,}32 \times 10^{-3}$	
atm	$1{,}01 \times 10^5$	1,013	760	1	14,7
psi	6894,757	$68{,}94757 \times 10^{-3}$	51,715	0,068	1

ENERGIA

J = Joule
cal = calorie
erg = erg
kWh = Kilowattora
kgf•m = Kilogrammo forza per metro
l•atm= litro per atmosfera
lbf•ft = pound force per foot
BTU =british thermal unit
hph = horse power hour

	Per ottenere								
Partendo da	J	cal	erg	kgf•m	kWh	l•atm	lbf•ft	BTU	hph
	Moltiplicare per								
J	1	2,39 $x10^{-1}$	10^7	1,02 $x10^{-1}$	2,78 $x10^{18}$	9,87 $x10^{-3}$	7,38 $x10^{-1}$	9,49 $x10^{-4}$	3,72 $x10^{-7}$
cal	4,19	1	4,19 $x10^7$	0,4266	1,16 $x10^{19}$	4,13 $x10^{-2}$	3,09	397,2 $x10^{-3}$	15,58 $x10^{-7}$
erg	10^{-7}	2,39 $x10^{-8}$	1	1,02 $x10^{-8}$	2,78 $x10^{-14}$	9,87 $x10^{-10}$	7,38 $x10^{-8}$	9,48 $x10^{-11}$	3,72 $x10^{-14}$
kgf•m	9,81	2,34	9,81 $x10^9$	1	2,73 $x10^{-9}$	6,68 $x10^{-2}$	7,24	93 $x10^{-4}$	135,75 $x10^{-7}$
kWh	3,6 $x10^6$	8,6 $x10^5$	3,6 $x10^{13}$	3,7 $x10^5$	1	3,55 $x10^4$	26,56 $x10^5$	3412	1,339
l•atm	1,10 10^2	24,22	1,01 $x10^9$	10,33	2,81 $x10^5$	1	74,53	9,57 $x10^{-2}$	3,757 $x10^{-5}$
lbf•ft	1,36	0,325	1,36 $x10^{-1}$	1,387 $x10^{-1}$	1,577 $x10^{-6}$	13,4 $x10^{-3}$	1	1,28 $x10^{-3}$	5,05 $x10^{-7}$
Btu	1055	252,14	1055 $x10^7$	107,6	2,93 $x10^{18}$	10,41	7,78 $x10^2$	1	3,9 $x10^{-4}$
hph	2,69 $x10^6$	6,43 $x10^5$	2,69 $x10^{13}$	2,74 $x10^5$	0,748	26,55 $x10^3$	1,98 $x10^6$	2,54 $x10^3$	1

POTENZA

W = watt (Joule al secondo)
CV = cavallo
erg/s = erg al secondo
kg f•m/s = chilogrammo forza per metro al secondo
kcal/h= chilocaloria all'ora
hp = horsepower (cavallo inglese -UK))
lbf•ft/s = pound force foot per secondo
BTU/s = Btu al secondo

Partendo da	Per ottenere							
	W	CV	erg/s	kg f•m/s	kcal/h	hp	lbf•ft/s	BTU/s
	Moltiplicare per							
W	1	1,36 x10^{-3}	10^{7}	0,102	0,8602	13,4 10^{-4}	0,7353	0,952 x10^{-3}
CV	735	1	7,35 10^{9}	75	632,7	0,986	540,5	700,3
erg/s	10^{-7}	1,36 x10^{-10}	1	1,02 x10^{-8}	8,58 x10^{-8}	13,4 x10^{-11}	0,735 x10^{-7}	9,52 x10^{-9}
kgf•m/s	9,81	1,33 x10^{-2}	9,81 x10^{-7}	1	8,436	13,14 x10^{-3}	7,21	9,34 x10^{-3}
kcal/h	1,162	1,581 x10^{-3}	1,16 x10^{-1}	1,185 x10^{-1}	1	1,558 x10^{-3}	0,854	1,11 x10^{-3}
hp	746	1,014	746 x10^{7}	76,09	641,71	1	550	0,707
lbf•ft/s	1,36	1,85 x10^{-7}	1,36 x10^{7}	0,1387	1,17	1,82 x10^{-3}	1	1,28 x10^{-3}
BTU/s	1,05 x10^{3}	1,428 x10^{-3}	1,05 x10^{10}	107,1	903,2	1,41	778	1

ORDINI DI GRANDEZZA – POTENZE DI DIECI			
Prefisso	Simbolo	Notazione Esponenziale	Notazione Decimale
exa	E	10^{18}	1.000.000.000.000.000.000
peta	P	10^{15}	1.000.000.000.000.000
tera	T	10^{12}	1.000.000.000.000
giga	G	10^{9}	1.000.000.000
mega	M	10^{6}	1.000.000
kilo	k	10^{3}	1.000
etto	h	10^{2}	100
deca	da	10^{1}	10
/	/	1	1
deci	d	10^{-1}	0,1
centi	c	10^{-2}	0,01
milli	m	10^{-3}	0,001
micro	μ	10^{-6}	0,000 001
nano	n	10^{-9}	0,000 000 001
pico	p	10^{-12}	0,000 000 000 001
femto	f	10^{-15}	0,000 000 000 000 001
atto	a	10^{-18}	0,000 000 000 000 000 001

Formule Utili

CERCHIO

$$Circonferenza = 2\pi \cdot r = \pi \cdot D$$

$$Superficie = \pi \cdot r^2 = \pi \cdot \frac{D^2}{4}$$

CILINDRO

$$SuperficieLaterale = \pi \cdot D \cdot h$$

$$SuperficieBasi = 2\pi \cdot r^2 = 2\pi \cdot \frac{D^2}{4}$$

$$Volume = \pi \cdot r^2 \cdot h = \pi \cdot \frac{D^2}{4} \cdot h$$

CORONA CIRCOLARE

$$AreaSezione = \pi \cdot (r_e^2 - r_i^2) = \pi \cdot \frac{(D_e^2 - D_i^2)}{4}$$

$$Volume = AreaSezione \cdot h$$

SFERA

$$SuperficieLaterale = \pi \cdot D^2$$

$$Volume = \frac{\pi \cdot D^3}{6}$$

TRIGONOMETRIA DI BASE: TRIANGOLO RETTANGOLO

$$sen\beta = \cos\alpha = \frac{B}{C}$$

$$sen\alpha = \cos\beta = \frac{A}{C}$$

$$\tan\alpha = \frac{sen\alpha}{\cos\alpha} = \frac{A}{B}$$

$$\tan\beta = \frac{sen\beta}{\cos\beta} = \frac{B}{A}$$

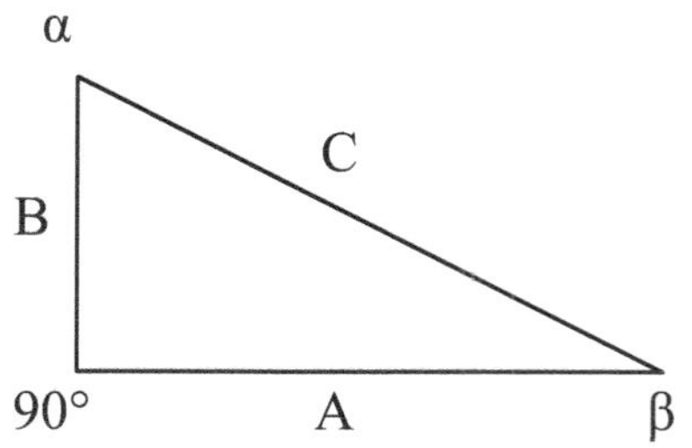

NOTI	INCOGNITI	FORMULA
C, B	A	$A = \sqrt{C^2 - B^2}$
	β	$\beta = arcsen\, B/C$
	α	$\alpha = \arccos B/C = 90 - \beta$
C, A	B	$B = \sqrt{C^2 - A^2}$
	α	$\alpha = arcsen\, A/C$
	β	$\beta = \arccos A/C = 90 - \alpha$
B, A	C	$C = \sqrt{A^2 + B^2}$
	α	$\beta = \arctan B/A$
	β	$\beta = \arctan B/A$

Le stesse relazioni valgono anche all’inverso, cioè noto un angolo e un lato, oppure un angolo e l’ipotenusa

Tolleranze di lavorazione

Le dimensioni definite nei disegni e nelle tavole meccaniche, solitamente sono accompagnate da simboli composti dall'accoppiamento di una lettera ed un numero: per esempio H7 o g6. Questa codifica identifica la tolleranza dimensionale che deve avere il pezzo finito perché sia garantito lo svolgimento della sua funzione nel meccanismo.
Siccome non è possibile lavorare i pezzi con precisione infinita, viene fornito un campo di valori entro i quali la misura risulta accettabile: la tolleranza può essere esplicitata direttamente come valore numerico massimo / minimo della misura, oppure, nel caso di particolari di forma cilindrica, codificata con lettere e numeri a partire dalla quota nominale.
Lo scopo delle tolleranze è quello di permettere sempre l'intercambiabilità dei pezzi, anche provenienti da fonti diverse, senza dover eseguire al montaggio operazioni di adattamento.

La quotatura con tolleranza si differenzia in foro base (lettera maiuscola) e albero base (lettera minuscola) e indica la posizione della zona in tolleranza rispetto alla linea di zero, corrispondente alla quota teorica nominale del pezzo.
Quando ad esempio compare la lettera **h** oppure **H**, si intende che almeno un valore del campo di tolleranza coincide con la misura nominale. Le altre lettere spostano progressivamente il campo di tolleranza lontano dalla linea di "zero". La combinazione delle varie lettere relative ai fori con quelle relative agli alberi determinano se i pezzi al montaggio presenteranno giochi oppure interferenze.
Il numero (da 1 a 16) indica la qualità di lavorazione, ossia se il campo d'errore accettabile, min. / max. deve essere ristretto (1) oppure più grossolano (16).
Per i pezzi da accoppiare si usano i valori compresi tra 5 a 11.
Apposite tabelle, consultabili sui manuali di meccanica e sui cataloghi dei cuscinetti, permettono di ricavare, a partire dalla quota nominale e dalla tolleranza codificata, i valori espressi in **µm** (micron o millesimi di millimetro) da aggiungere oppure togliere alla quota nominale.
Ciò permette di definire l'errore massimo tollerato nella lavorazione, in modo da rispettare il gioco o l'interferenza desiderata.
Essendo espressi in funzione della quota nominale, ovviamente i valori assoluti cambiano proporzionalmente al diametro considerato.

Esempi:

Un foro **Ø12mm-H7** prevede un campo da 0 a +18μm rispetto alla quota nominale, pertanto il diametro può variare da 12,000mm a 12,018mm
Un albero **Ø12mm-f6** prevede un campo da -16 a -27μm, pertanto il diametro può variare da 11,984mm a 11,973mm.
Questo accoppiamento garantisce che, se le lavorazioni rispettano le tolleranze, tra i due pezzi ci sarà sempre un gioco variabile da 16 a 45μm.
Pur risultando possibile usare qualunque combinazione, è consigliabile che i pezzi da unire abbiano campi di tolleranza simili tra loro.
Di seguito vengono indicati gli accoppiamenti più utilizzati e consigliati.

Con foro in H7 ottenuto con alesatore, oppure per tornitura, impiegare alberi con tolleranza:

- f6 per accoppiamenti / liberi di scorrere / con gioco elevato
- g6 per accoppiamenti / liberi di scorrere / con gioco ridotto (es. per alberi su bronzine)
- h6 per accoppiamenti / precisi / senza gioco (es. per pistone su cilindro)
- j6 per accoppiamenti bloccati con interferenza / per montaggio forzato, con mazzuolo o alla pressa

SEDI PER CUSCINETTI		
Albero	Foro	Tipo
h5	H6	con montaggio a mano
j5	K6	con leggera interferenza
k5	N7	con montaggio bloccato

Riferimenti Bibliografici

Testi

Vincenzo Naso - "La macchina di Stirling", ESA editrice

G. Walker - "Stirling Engines", Oxford University Press

C. M. Hargreaves - "The Philips Stirling Engine", Elsevier

J. R. Senft - "An Introduction to Stirling Engines"

J. R. Senft - "An Introduction to Low Temperature Differential Stirling Engines"

J. R. Senft - "Miniature Ringbom Engines"

J. R. Senft - "Ringbom Stirling Engines"

J. G. Rizzo - "The Stirling Engine Manual"

J. G. Rizzo - "The Stirling Engine Manual Vol.2"

Darlington & Strong - "Stirling & Hot Air Engines"

G. W. Swift - "Thermoacoustics", ASA publications

Pubblicazioni

M. Petach S. Backhaus - Design of a high efficiency power source (HEPS) based on thermoacoustic technology, NASA JPL

T. J. Hofler - An Optimized Miniature Hofler Tube, ARLO - 22 Jan 2001

R. S. Wakeland - Electrodynamic Drivers in Thermoacoustics, J. Acoust. Soc. Am., Vol. 107, No. 2, February 2000

J.E. Braun et al - Evaluating the Performance of Thermoacoustic Cooling, ARTI 21CR project 610-10040-01 Purdue University - Sept 2001

O.G. Symko - Energy Conversion Using Thermoacoustic Devices, 18th International Conference on Thermoelectrics (1999)

Gruppi di ricerca sul motore Stirling

UNIVERSITÀ IN ITALIA:

Università di Roma: prof. Vincenzo Naso, autore de:"La macchina di Stirling" unico testo italiano sull'argomento
Università di Genova: facoltà di ingegneria, sta realizzando un modello dimostrativo, attrezzabile per prove sperimentali.

UNIVERSITÀ IN EUROPA:

Danmarks Tekniske Universitet, ha creato lo spin-off Stirling Danmark
Università di Mälmo (Svezia): studi di motori Stirling fino dagli anni '70 collabora con USAB e Kockums
Lund Institut of Technology (Svezia): collabora con SOLO

America:
Ohio University: prof Israel Urieli
NASA e McDonnel Douglas: progetto Dish Stirling e generatori spaziali solari/radioisotopi

Giappone:
National Maritime Research Institute (NMRI)
Saitama University

Nuova Zelanda:
University of Canterbury

Gruppi di ricerca sulla termoacustica

America:

Los Alamos National Laboratory: il suo gruppo di lavoro ha prodotto le prime realizzazioni a elevato rendimento e condotto numerose ricerche di base.
Penn State University: pioniere nella refrigerazione termoacustica detiene numerosi brevetti, tra cui un generatore termo-elettro-acustico dal rapporto peso/potenza molto promettente.
Naval Postgraduete School: ricerche in gruppi pompa di calore, anche ad alimentazione solare
Università del Mississipi: studi su dispositivi termoacustici con fluidi di lavoro in fase vapore e non solo gas surriscaldati (ciò permette un aumento della densità di potenza e dell'efficienza degli scambiatori)
Purdue University: ricerca nel campo della refrigerazione e della modellazione di scambiatori di calore in regime oscillatorio

Francia:

Universitè du Main: ricerca nel campo della modellazione degli effetti non lineari ad alte pressioni sonore.
Ecole Centrale de Lyon: ricerca nel campo della modellazione fluidodinamica bidimensionale e degli effetti non lineari ad alte pressioni sonore.

Cina:

Zhejiang University: gruppo di lavoro orientato ai refrigeratori criogenici.

Altre ricerche vengono svolte in Giappone e in Corea del sud

Siti Web - Gruppi di Ricerca e Commerciali

Koichi Hirata
http://www.bekkoame.ne.jp/~khirata/

Stirling dictionary
http://www.nmri.go.jp/eng/khirata/Stirling/index_e.html

Stirling & Hot air Engine Ring (raccolta di link)
http://www.webring.org/cgi-bin/webring?ring=Stirling;list

Roy Rice
http://www.Stirlingsouth.com/
http://www.geocities.com/~rrice2/

Steam & Engine of Australia
http://www.steamengine.com.au/Stirling/index.html

Solo Stirling
http://www.Stirling-engine.de/

WhisperGen
http://www.whispergen.com/

Los Alamos National Laboratory, USA
http://www.lanl.gov/thermoacoustics/

Penn State University, USA
http://www.acs.psu.edu/thermoacoustics/refrigeration/default.htm

Naval Postgraduate School Physics Department, USA
http://www.physics.nps.navy.mil/hofler/default.htm

Purdue University, USA
http://widget.ecn.purdue.edu/~thermacs/

Build a Thermoacoustic refrigerator
http://www.kettering.edu/~drussell/Publications/ThermoDemo.pdf

Ben & Jerry - Introduzione Termoacustica
http://www.benjerry.com/assets/flash/our_company/sounds_cool/soundsCool.cfm

Siti Web - Link Utili

USPTO – Ufficio Brevetti Americano
http://www.uspto.gov/patft/

Esp@Cenet – Ufficio Brevetti Europeo
http://ep.espacenet.com/

Wikipedia (sia in italiano che in inglese)
http://it.wikipedia.org/wiki/Pagina_principale
http://en.wikipedia.org/wiki/Main_Page

Tavole - Motore Gamma Parallelo

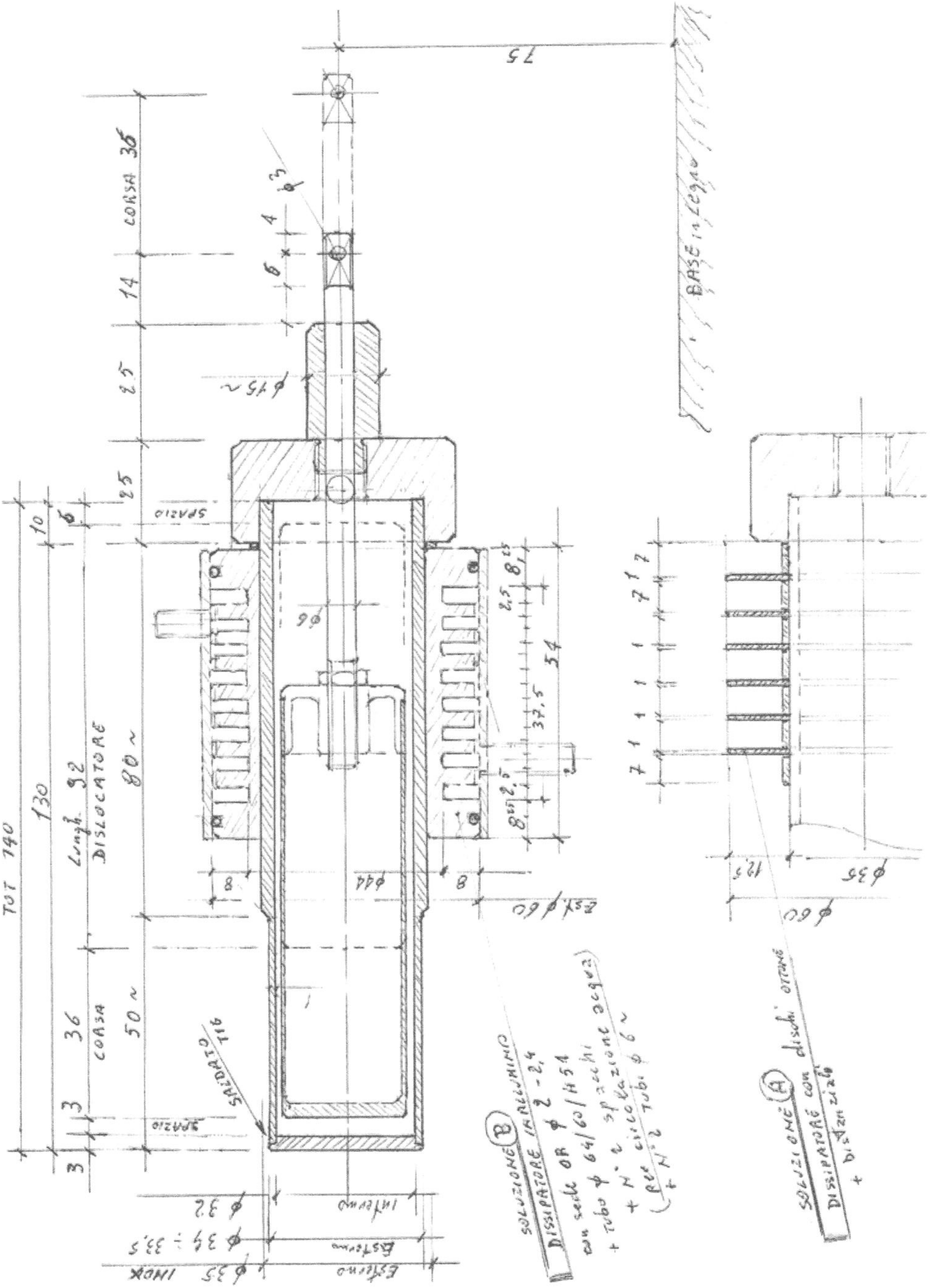

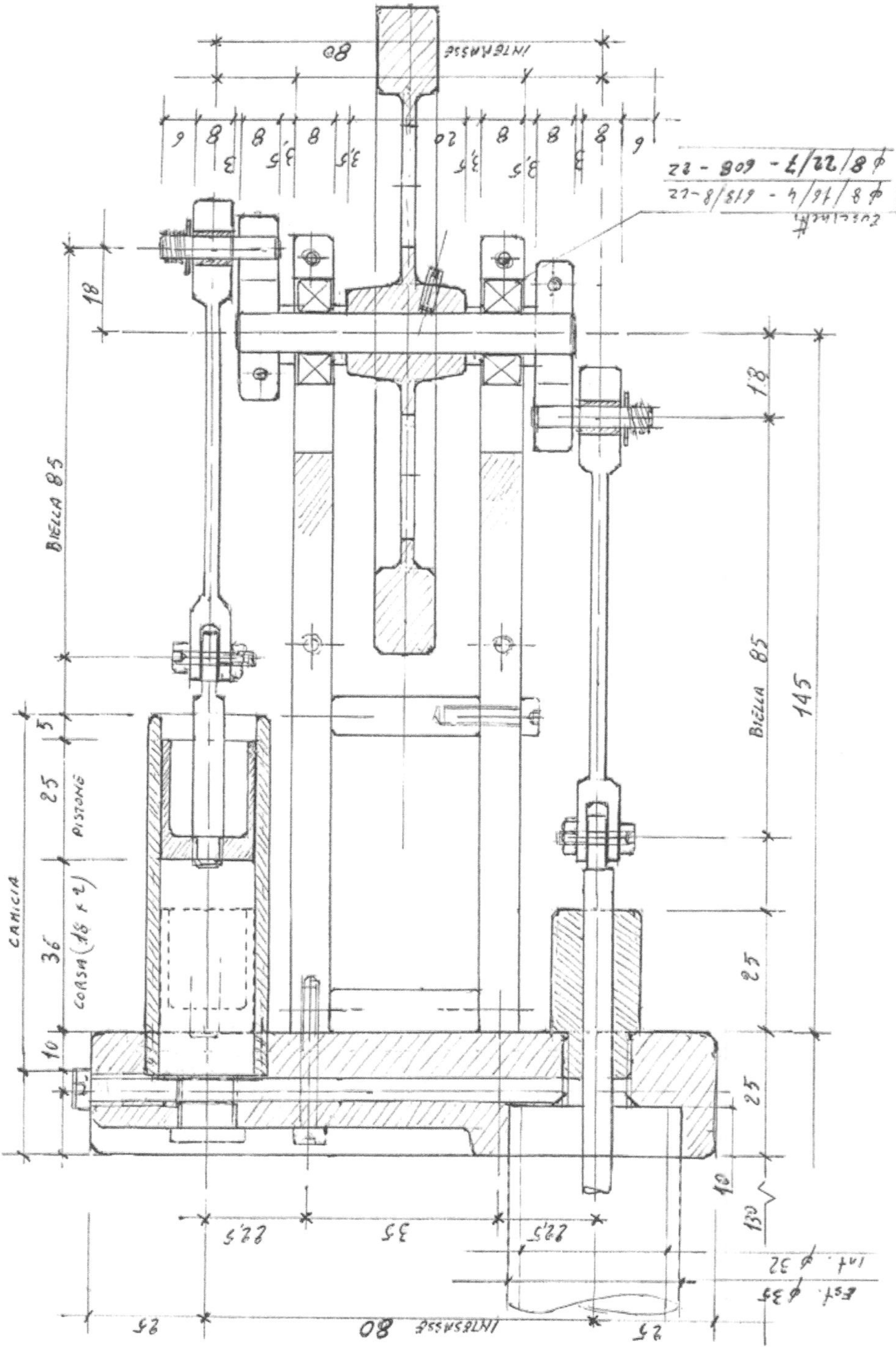
INTERASSE 80
BIELLA 85
BIELLA 85
145
CAMICIA
PISTONE
CORSA (18 x 2)
ф 8/22/7 - 608 - ZZ
ф 8/16/4 - 618/8-ZZ
Int. ф 32
Est. ф 35

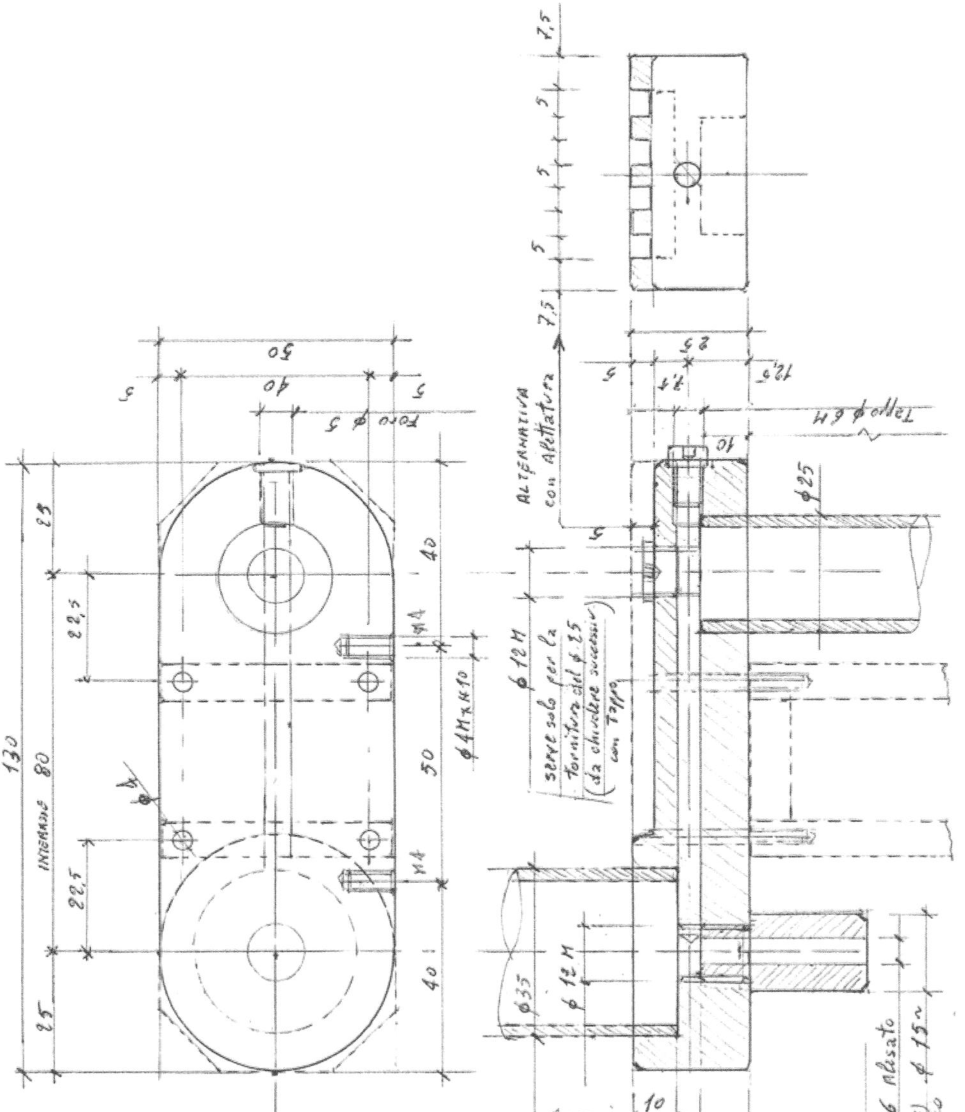
ALTERNATIVA
con Alettatura
Tappo ϕ 6M
Foro ϕ 5
INTERNO 80
130
ϕ 6 Alesato
OTTONE
BRONZO

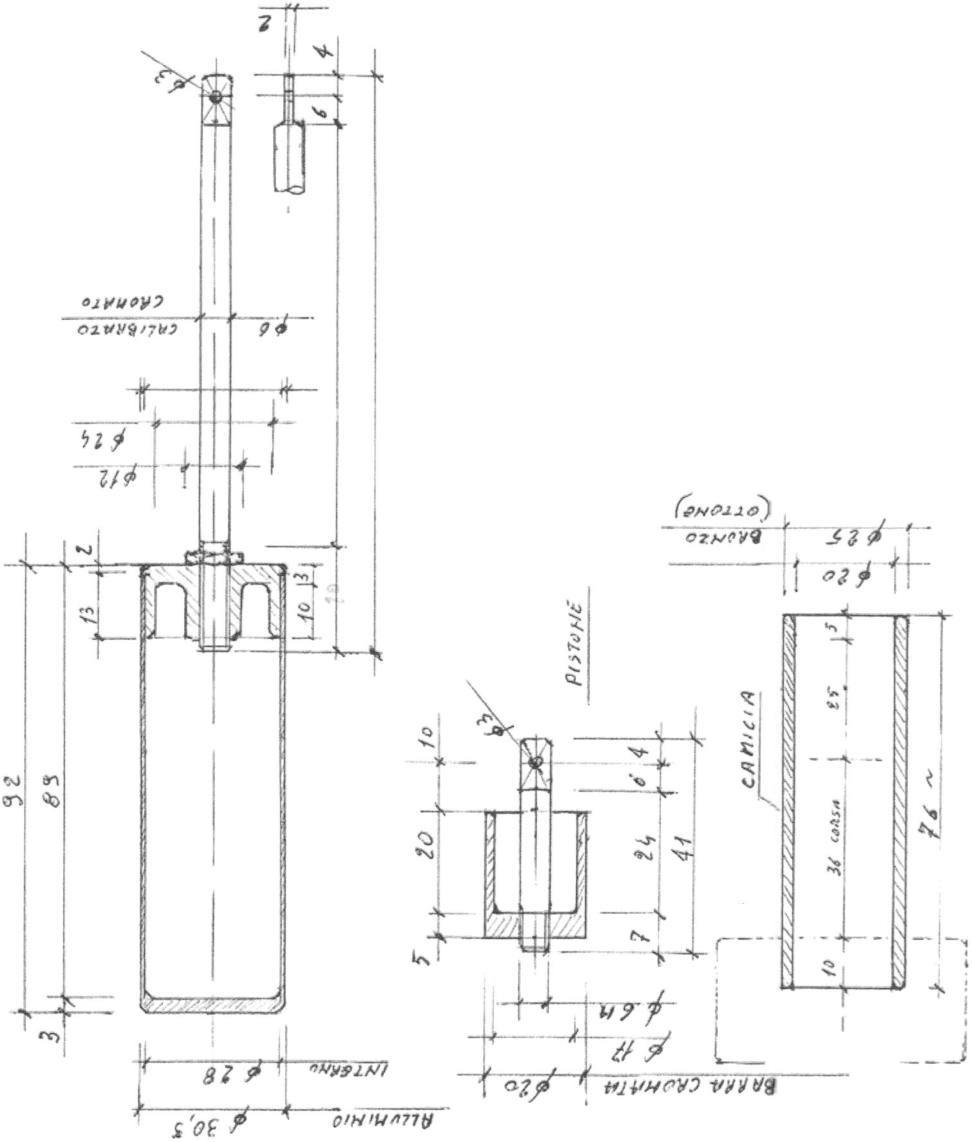
CALIBRATO
CROMATO
ALLUMINIO
INTERNO
PISTONE
CAMICIA
CORSA
BARRA CROMATA
BRONZO
(OTTONE)

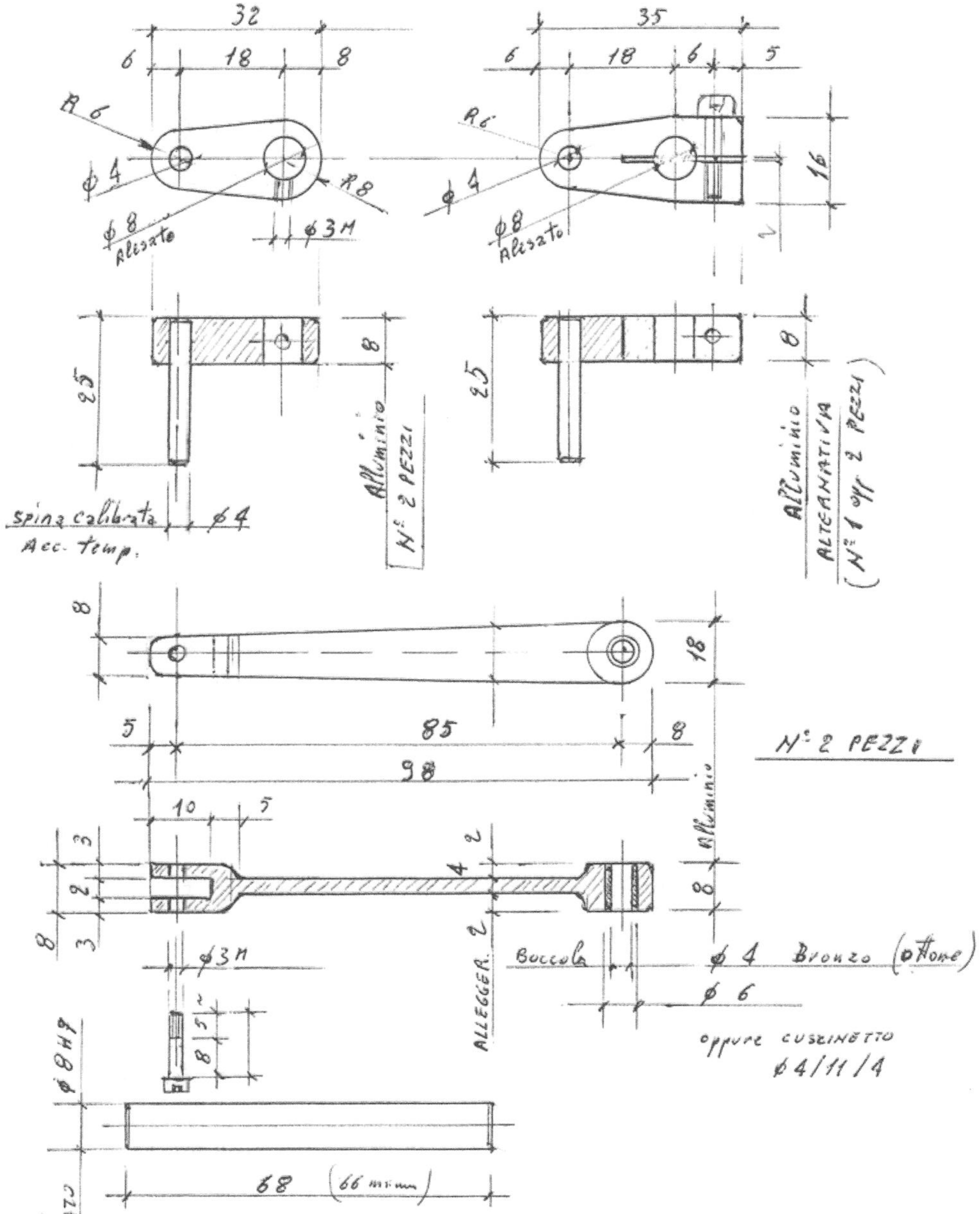
Alluminio
N° 2 PEZZI
Alluminio
ALTERNATIVA
(N° 1 opp 2 PEZZI)
spina calibrata
Acc. temp.
N° 2 PEZZI
Alluminio
ALLEGGER.
Boccola
Bronzo (ottone)
oppure cuscinetto
Acc. CALIBRATO
Alesato

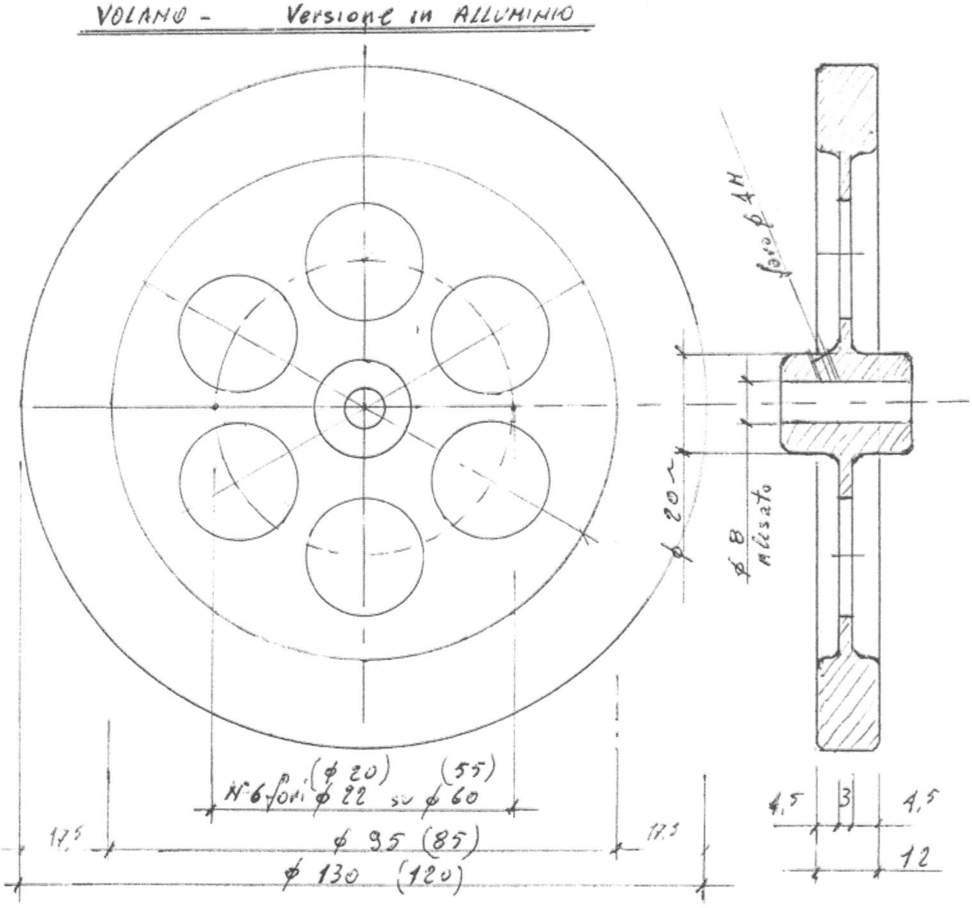
VOLANO - Versione in ALLUMINIO
foro ϕ 4 H
ϕ 20 ~
ϕ 8 Alisato
(ϕ 20) (55)
N°6 fori ϕ 22 su ϕ 60
17,5
17,5
ϕ 95 (85)
ϕ 130 (120)
4,5
3
4,5
12

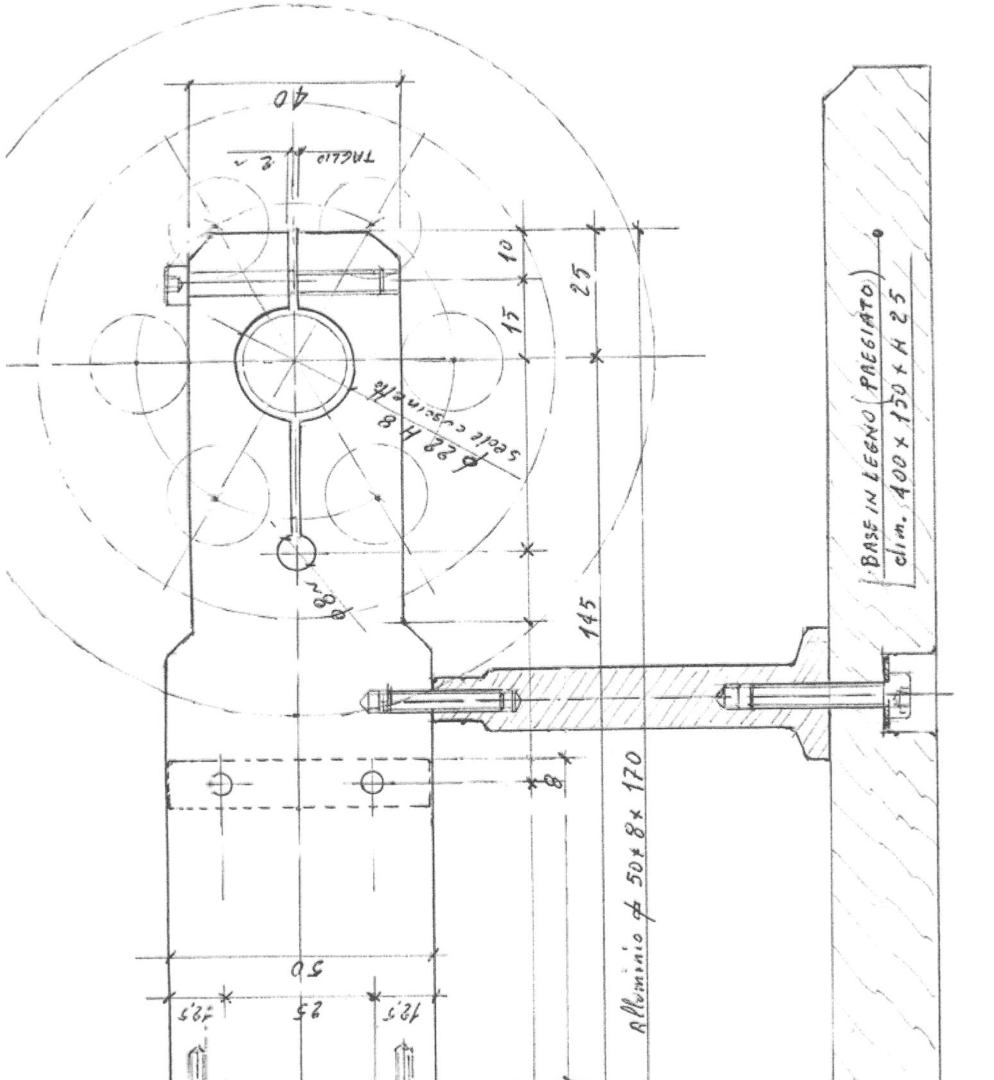
BASE IN LEGNO (PREGIATO)
dim. 400 x 150 x H 25
Alluminio ϕ 50 x 8 x 170
ϕ 28 H 8 sede cuscinetto
TAGLIO

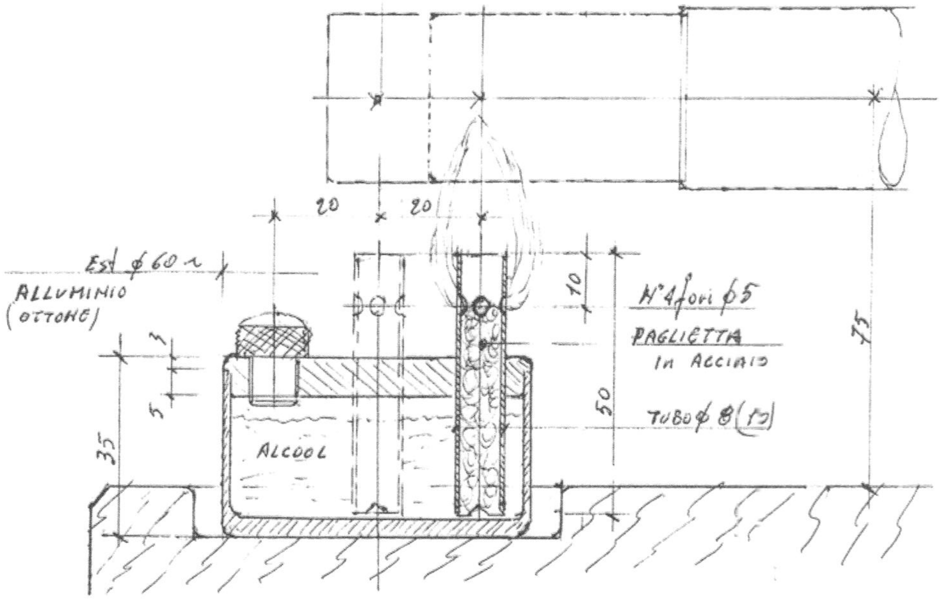
20
20
Est ϕ 60
ALLUMINIO
(OTTONE)
10
N°4 fori ϕ5
PAGLIETTA
In ACCIAIO
75
3
5
50
TUBO ϕ 8 (10)
35
ALCOOL